三民叢刊202

進化神話　第一部

駁：達爾文《物種起源》

陳冠學　著

三民書局　印行

自序

陳冠學

主廚者都深知牛肚豬肚極不好煮得爛，燉以外，根本無法處置。一副火候未到的肚，咬都咬不動，不說是嚼了。為什麼這些大獸（包括人類在內）的胃會有這麼強的韌性呢？當然這是因為做為一個消化器官，它非韌不可，否則容易破裂掉。鳥類的肫（胃）也一樣堅韌無比，鳥類的肫內尚且要吃進小石子供作研磨工具，它要不夠堅韌，怎麼受得了？如果把胃當做一個考試題來考，要受考者來創造一副動物的胃，問要用什麼樣的肌理來構成，這大概不是那麼容易可以答得準確的。假設胃的肌理只有縱肌，能夠防止破裂嗎？

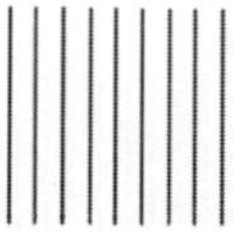

由縱肌圖看來，任兩條縱肌間都可能在撐了大量食物之後裂開，因此胃不能純用縱肌構成。

那麼如果加一層橫肌呢？

這樣大概就成了，縱橫互結，破裂的機會大概沒有了。可是如果你是一個凡事謹慎小心的人，你可能會再加一層斜肌。

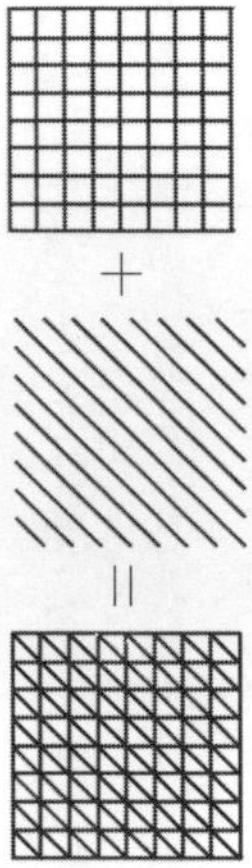

這樣大概萬無一失了。但還剩有一個問題，到底縱、橫、斜三肌，你會怎樣安排呢？那一層在內，那一層在中，那一層在外？這種安排跟韌性是大有關係的。安排得好便有一副韌性好的胃，安排得不好便有一副韌性較差的胃。以力學的原理來推究，答案是很明白的，裏層應該用斜肌，中層用橫肌，外層用縱肌。然而我們的胃（包括牛肚豬肚等肚在內），到底是不是這樣的結構呢？一點兒不錯，正是這樣的結構。真是太奇妙了！那麼胃的構成是出於一種智慧的設計呢？是出於自然盲目碰巧組成的呢？如果你贊成是出於一種智慧的設計，那麼你是神造論者；如果你贊成是出於自然盲目碰巧構成，那麼你是進化論者。可是這裏我們要問，但憑自然盲目碰巧構成，有可能嗎？凡事我們都得先問它的可能性，如果沒有這種可能性，那麼主張也是白主張。這裏我們明白看到了進化論是無理的主張，因為它的主張欠缺可能性做它的立論基礎。

如果再出一個題目，問創造關節要怎樣來設計？首先我們認知就人體而言，關節大別之有兩類，一類是作半圓球型周轉的，一類是作同一平面直擺的。前一類兩骨交接處，應該一作圓球型骨臼，一作圓球型骨輪，這樣便可套合作圓球型運動。後一類兩骨交接處，應該作一凹一凸套合，這樣便可供作同一平面擺動。但無論前後類，應該有某種筋腱將兩骨結連，人體解剖學告訴我們，用來結連兩骨的是韌帶，異常強韌的韌帶。兩骨結連之後，是兩骨套合面的結構了。這裏一邊是滑膜，一邊是軟骨，且由滑膜分泌油狀的滑液來填充滑膜和軟骨的空隙，用以避免摩擦損傷，且增加彈性。跟胃肌構造一樣，關節構造的優異，讓我們又看到了智慧的設計。整個人體，地球上的任一生物體，都是無限智慧的設計，而達爾文卻意想為由無生命的物質自動契合而成。這是無理的主張。如果一種主張，雖然無理，卻是無害，那麼他叫賣他的矛盾，我不掏錢去買也便罷了，若這種無理的主張竟是有害於真理真實乃至於人類的宇宙觀、人生觀、社會觀，那麼這便不是單純的學理問題，而是涉及實際問題了。這便有如瘟疫，非加以撲滅不可了。達爾文的進化論正是這樣的一種主張。一百多年來，有不少宅心仁厚的人起來批駁，捍衛人群，可是達爾文的主張還是像野火，一山燒過一山，像瘟疫，一地傳到一地，現在它是完全霸佔了全世界各地任一級學校的生物學教科書。邪惡不會席捲全世界嗎？馬克思的無產階級鬥爭，豈不統治過半個地球近一個世紀嗎？現在色情和暴力不正是藉著傳播媒體席捲整個世界嗎？愛滋病豈不成了二十世紀末的黑死病？而達爾文的邪說則甚於一切。

筆者以駝背為代價寫作了這部書，也只是盡其一己的棉薄之力而已。

達爾文，在當今，當然是一個響叮噹的名姓，可是他真正應份的事實是怎樣的呢？正如筆者的另一部書《莎士比亞識字不多？》所示，莎士比亞也是一個響叮噹的大名姓，可是事實呢？他只是一個識字不多的演員、經紀人、投機生意人而已，他並不是作者，更稱不得是什麼文豪，甚或是大文豪。達爾文亦如是，都是虛名，有名無實。

達爾文這份大有害於人類的個人事業，發端於他加入小獵犬號半個世界的航行。當初他應徵陪伴該船船長，纔只有二十二歲，而船長費茲羅纔二十三歲。二人初見面，費茲羅對達爾文的印象並不好。費茲羅自認對面相頗有研究，他看到達爾文的鼻子，認為有這樣的鼻子的人，做事沒有決心，他認為果真用了達爾文，難免他會半途而廢。差點兒為了鼻子，達爾文沒被錄取。後來達爾文為了要證實自然選擇這個假設，收集了十五種鴿子來飼養，還邀請他的老師萊伊爾來參觀。萊伊爾是神造論者，不信達爾文那一套，達爾文問萊伊爾，難道他的鼻子是上帝創造的嗎？我們引述達爾文這句話，是要讀者一睹達爾文的真實形象。筆者認為像這樣的問話，有點兒像是小孩子。凡是成人，都知道「身體髮膚，受之父母」，發這樣的問話，無異說傻話。

植物的生長，陽光、空氣、水分、土壤缺一不可（現在有水耕法，不須土壤，將植物所需的無機鹽全配在水中，這樣的水，其實是兼攝了土壤）。學說的形成也有這四成素，作者的智力是陽光，學力是空氣，觀念是水，心態是土壤。因此我們在本書中，不止未迴避達爾文這四成素，還直接深入探討這四成素。擒賊先擒王，如果討論某一學說而刻意迴避或保留這四成素不去碰它，這種討論是隔鞋搔癢，抓不到癢處。直搗黃龍，原本便是唯一徹底滅敵的方法。打倒論敵，當然不能例外。本書在這一方面，可以說絕對無絲毫的保留，如果達爾文的徒子徒孫們因此而加給筆者做人身攻擊的罪名，筆者聲明在先，這是刻意抹黑，筆者絕對不能接受。本書的一切言詞言論絕對不逸出《物種起源》一書的思想範圍之外，範圍外絕對不加一言一詞。如果禦敵之時，劍下留情，批駁論敵之時，也筆下留情，這種婦人之仁，只會姑息養奸，除惡不盡，自取災殃。孟子也說：「頌其詩，讀其書，不知其人，可乎？是以論其世也。」這是很遺憾的一件事，我不得不無保留地對待達爾文。

按達爾文的《物種起源》，中譯有二種。早先有工學博士馬君武先生的譯本《物種原始》，當時各科術語未備，馬譯在這一方面遇到了很多困難，今日讀起來當然也很吃力，便是因為術語未備的緣故。最近商務印書館出了大陸學人的新譯本《物種起源》，因為各種術語大備，譯起來非常順利，讀起來也很順暢輕鬆。本書體例是先錄出達爾文的文字，或成行，或成段，然後附筆者的按語，來加以討論。本來很可以逕錄商務的新本譯文，但格於新著作權法，筆者只得自譯。凡是人名、物名等等專有名詞或普通名詞的譯名，及各科術語，筆者儘量採用新譯本的譯法，以便讀者的查閱對照，只有在不得已時纔另立異譯。本來這種非文學的文字，沒有多少修飾技巧，只有樸質的意思，像馬譯用文言體，各家可能有些出入，但用語白體來譯，總是很難立異，而且為了讀者查對的方便，其實也不容許做太大的異譯。故筆者的譯文跟商務的新譯，總是保持相去不遠的距離，有的竟就無法故意標新而全無距離，這一點須得事先聲明，以免被認做是抄襲，這一點非常不好處置。如英語"Come in!"，也只有一個譯語「進來！」，便是神仙也做不出第二種譯語。為了便於讀者查對，凡是達爾文《物種起源》的文字，都標出了商務新譯本的頁數乃至行數。《小獵犬號環球航行記》，商務也有同譯本，引用到此書時，也都標出了商務版的頁數，以便讀者查對。

本書中引用到的著作，不論外文本或中文本，審度讀者可能查對得到的，便附了頁數或章數，其不易查對的便付之闕如。

希望本書對世道人心能起一些正面的作用，那麼筆者的辛勞便算是未白費了。

陳冠學　識一九九九、三、二十，中午十二點半，於萬隆

目次

一、物種不是獨立創造出來的

一個博物學家只要考察過生物的親緣關係、胚胎關係、地理分佈、地質演替以及其他這一類的事實，他大概會得出如下的結論：物種不是獨立創造出來的，而是和變種一樣，從別的物種傳下來的。（頁十八、末行）

冠學按：以車輛為例，自椎輪大輅，以至今日的高級汽車，乃至磁浮火車及各式飛機，除了椎輪為始創者外，其餘都是一系列改進之所成，各種運輸工具，都不是「被獨立創造出來的」，人智雖利，也不是能夠從無中生有，每一種都得是前種之改進。這叫它是進化，無人能異議。故出於人類有意識的創造，樣樣都有進化之系列。設使萬物全是出自老天的創造，老天也不能例外於人類的創造，每種物種，必定都得是前一種物種的改進。故設使主張創造論，創造也是遵循進化的途徑，物種絕對不是「被獨立創造出來的」。進化論的錯誤，在於看見物種的進化，便認定是出自自然的演化。生物由甲種演化或進化為乙種，一定要在基因中動手腳，這是極精密的偉大工程。自然進化論認為人類與猿猴同祖，但其間基因的動手腳，並非自然機率之所可能。而且一切生物之合目的性，都不是自然機率所能解釋。

造物主造生物是就前一生物體加減之造其次的生物體，不是一種一種自無中生出。且凡本能、智能、感情、美感、仁愛，皆涉及靈魂。進化論（應說是自然進化論）之困難在於生物之合目的性、完美與靈知。至其親緣關係、胚胎關係、地理分佈、地質演替等等，視為造物主創造之事實，亦無不可得其解，認為是自然的進化，反有窒礙。

達爾文說：「物種是從其他物種傳下來的。」達爾文之後的一個大生物學家、古生物學家奧斯本 (H. G. Osborn) 在其《生命之起源與進化》(*The Origin and Evolution of Life*) 一書中說：「達爾文雖出版了他的《物種起源》，但沒有一個人能確實知道一種動物或植物怎樣轉變成另一種。」（沈因明譯）可見達爾文治學立說的態度，比較起來，既不虛心又過分武斷。

關於胚胎關係、地理分佈、地質演替諸問題，留待本書末尾再討論。

二、物種不是不變的？

我完全相信，物種不是不變的。（頁二十一、倒四行）

冠學按：今存活化石生物種數頗多，其存在皆以億萬年計，億萬年來未曾改變過。依達爾文之所信，現生物應皆為新生物種，活化石一種也不可能存在。

較稀奇的活化石，可看德國古生物學家戴尼伍司教授（Prof. E. Thenius）一九六五年出版的《活化石》（*Lebende Fossilien*）一書，有商務印書館人人文庫徐斯理中譯本。

最尋常的活化石，人人都知道的，如鯊魚、蟑螂，三億五千萬年來不曾有一絲一毫的改變，龜、蛇、蛙、蜻蜓，都是二、三億年的古物種，而蠍子的存在已超過五億年，鸚鵡螺和海豆芽則有五億五千萬年。

一九五二年在哥斯大黎加深海發現活的新蝶貝，與其化石對照，這種貝五億年來，形態無任何變化。

單細胞藻類及原生動物都是數十億年來未曾改變。大的植物如銀杏，眾所周知，是二億五千萬年的古物種。針葉樹松、柏、杉更古，有三億年。G. R. Harrison 在其《人類的前途》(*What Man May be?*) 一書中說：「遺傳因子，譬如那種產生袋鼠的，能保持同樣的型式歷八千萬年而不變；又譬如產生地衣的，能保持同一地衣式樣歷二十億年而不改，這真是生命的奇蹟。自從頭一片現代地衣形成以來，它的細胞中有許多遺傳因子已分裂繁殖了億萬次，卻沒有可見的變化。」（易家愿譯）

只要有永不變的物種，而且這樣的物種普遍尋常地存在於現代，便不能說「我完全相信，物種不是不變的」，而事實是上億年不變的物種到處是，達爾文的生物學智識，還是立基於他的老師萊伊爾 (C. Lyell) 的名著《地質學原理》，加上前代當代優秀地質學、化石學的著作，他對於活化石生物應該很熟知。他既然知道活化石生物普遍存在於現代，卻還能說「我完全相信，物種不是不變的」，這實在令人覺得不可思議，我們只能說他是昧了良知說話。當然，如能寫出一部書，名為「物種起源」，這應該會震撼整個學術界。腦子裏如有了這個念頭，要克制下來，可是不容易。利令智昏，名也會令智昏，色也會令智昏，權力也會令智昏。我們覺得很遺憾。怪不得康德（Kant，德國大哲學家）早便向全世界提出如下的宣告：「我們不能根據純機械的自然原理，來充分認識（更說不上說明）有機組織的生物及其隱含的潛能，這是絕對確實的而且這是如此確實，我們簡直可以大膽斷言：甚至只要誰想像這樣一個觀念，或希望有一天會有牛頓那樣的人物，根據不由意圖制定的自然法則，而能理解一葉草之生成，那簡直是荒謬絕倫。對人們說來，這樣一種觀念，我們要絕對反對。」（見其所著《判斷力批判》第七十五節）當然當第二個牛頓這是莫大的誘惑，於是達爾文便發表了名稱震撼天地的《物種起源》一書，果然終於贏得牛頓第二的偉譽，而且還超越了牛頓，成為前無古人的最偉大的思想家，因為達爾文改變了整個人類的思想觀念，進化思想進化觀念統御了整個宇宙及宇宙以內的自然和人世，且將宗教與上帝完全剷除掉。但這一切卻建立在昧沒良知說話的基礎上。《物種起源》全書到處是昧沒良知說話，不止是上引的一句話，讀者請繼續讀下去。

達爾文的《物種起源》一書出版後，不少當代第一流的古生物學家為文質疑責難，他們提出的論據都很確實，達爾文只有認錯的份，但達爾文不肯認錯，在其後的《物種起源》的各版中陸續提出辯解，當然都是敷衍了事，非有實據，讀者讀原書或譯本自可明白。達爾文本人並不是古生物學家，也不是地質學家，他只是一個著者而已，故他的《物種起源》一書的立論依據不能有真正古生物學家那樣堅實，乃是當然的事，而問題便出在欠堅實這上面。在《物種起源》現行最後的定本，亦即第六版的第十一章於是便出現了與本引文完全相反的話：「當進步到達一定高度的時候，按照自然選擇的學說，就沒有再繼續進步的必要。」（頁四〇九、六行）這話正好否定了「我完全相信，物種不是不變的」這句話。達爾文承受了反對見解的壓力被迫不得不改口，因為「某些陸地的和淡水的貝類從我們所知它們初次出現的時候以來，差不多便保持著同樣的狀態。但此等事實對於上述的結論並非有力的異議」（頁四〇八、倒三行）；「因為有些生物必須繼續適應簡單的生活條件。還有什麼比低級體制的原生動物能夠更好地適於這種目的？」（頁四〇九、一行）依照達爾文這樣的說辭，原生動物永遠原地踏步不前進，那麼今日多彩多姿的動物界是怎麼來的呢？依此，達爾文豈不是應該主張「無進化論」了嗎？他的《物種起源》一書還寫得嗎？「物種是從其他物種傳下來的」「物種不是不變的」，物種進化，豈不成了不可能嗎？我們從來未見過正說反說任由我說的所謂學說，這算是頭一回。這是兒戲呢？學說呢？

三、達爾文說：「我研究過全世界的家犬。」

我研究過全世界的家犬。（頁三十四、二行）

冠學按：讀者看了這句話，一定會大感驚訝，一個科學家怎會說出這樣不科學的話？「全世界的家犬」？科學家的特性是據實說話，不是憑個人主觀的想法說話。達爾文顯然還未鍊就科學家的特性，那麼他的學說呢？他的進化論文字的確實性呢？總之，他的觀察與推論的可信度有多少呢？

筆者相信達爾文絕對不曾見過臺灣的土狗，遑論研究！

四、孔雀是野生物種

我們無法想像這一切品種都是突然產生的，而且一產生便像今日我們所看到的那樣完善和有用。這關鍵便在於人類累積選擇的力量。（頁四十四、八行）

冠學按：依達爾文的意思家養生物所以會達於那樣完善和有用，關鍵在於人類的累積選擇。人類有智識，有價值觀，有鑑賞力，家養動植物今日所以會那樣完善和有用，全是合乎人類的目的而來。那麼我們要問：在自然界，如依進化論的說法，物種是自然進化而來，自然既無智慧，無價值觀，無鑑賞力，則自然進化所成的物種便不可能有合目的性，即不可能有「那樣完善和有用」，這是當然的，必然的。然而我們來看一看，在自然界，在未有人類意志介入的自然界，草、木、蟲、魚、鳥、獸，究竟有無「那樣完善和有用」的品種呢？我想，讀者一定會大感驚訝，在人事未介入的自然界，「完善有用」的物種太多太多了，可以說全部都是。那麼，套用達爾文的語氣，「這關鍵」何在呢？是不是要想像有一如「人類累積選擇的力量」

的存在？那麼這個「一如人類」的某存在者是什麼呢？是造物主或上帝嗎？既然不是大自然自己，那麼，除了造物主或上帝還有誰？造物主在大自然界所累積選擇創造的物種全是完善有用，人類家養後再加以改良，表面上看，是接起造物主或上帝的未竟工作，其實都是人類的不守分與貪婪，故家養生物多故，原因即在乎此。達爾文自己也說：「極大多數異常顯著的家養變種大概不能在野生狀況下生活。」(頁三十、十一行)這裏讓我們想起野生狀況下生活的孔雀。達爾文給他的友人的信上說：「我只要一盯著孔雀的羽毛看，就想噁心。」因為孔雀羽毛之美，並不是經過人類累積選擇而來的，孔雀是野生物種，是「一產生便像今日我們所看到的那樣完善和有用」。

五、畫羊變成了真羊

薩默維爾勳爵談到飼養者飼羊的成就時說：「彷彿是他們在壁上畫出了一個十全十美的形體，而後賦予了生命一般。」（頁四十五、三行）

冠學按：達爾文引薩氏這些話，意在表示通過人工選種交配，人類能夠將家養動植物，經數代或數十代之後，配成完美的品種，如花種或畜種。達爾文還含有更進一步的意思，他的意思是既然人類在短時間內，可一手塑造出完美的物種，那麼大自然用更長的時間，經幾百代幾千代，當然也可配出完美的品種來。按達爾文這些意思，包含兩層問題，第一個問題是人工選擇的先決條件問題，亦即選種得先有原種可供選擇，那麼原種是怎麼來的？這是一個問題，這個問題未解決便不能談選種的事。第二個問題是，人類有意志，因為有意志纔能行使選擇。大自然沒有意志，它怎能行使選擇？如果純屬機會碰巧，這便不能說是選擇，而達爾文《物種起源》的最大臺柱便是「自然選擇」，這樣看來「自然選擇」不能成立。「自然選擇」

不能成立，那麼用「人工選擇」來推論，終究是徒勞。

這裏筆者想舉兩個例來說明人工選擇。配酒是件大學問，酒徒很知道個中消息，有些酒配得出神入化，匠心獨運，高深莫測，正是薩默維爾勳爵所讚美的羊的同例。但不論匠心怎樣巧運，非得有高水準的幾樣原酒則終究運不成。不論東西方，歷代都出過一些王朝，各王朝選后妃都取傾城傾國的美人。這個王朝如持續個十代二十代，很可以想見，王族必然會因經人工選擇而成為在全國人中一支獨特的美麗人種。但我們看到，一些五官絕對沒有好搭配的落後人種，他們也有王朝，因為沒有美人種，即使經過十代二十代，依然未能經由人工選擇形成美麗人種。正如若無好的酒品可供調配，不論怎樣匠心獨運，也只能配出劣種配酒。同理，若沒有美羊種可供選擇，單一種羊終究變不出完美羊種來。

達爾文信仰生物一元論，因此我們看不出他的地球生物，能由簡而繁，由醜而美，一路進展出來。達爾文所依賴的是，生物在自然界中偶然的變化，部分的變化。達爾文認為由這些些微的變化，足以經千萬年而累積成現有的生物界，既繁且美。這些問題，我們透過本書全書，一一加以討論。

六、物種伸縮賦性的極限

有些著作者主張，我們的家養動物的變異量是在短期間內獲得的，此後決不能再超越。誠如華萊士先生深為契合事實所指出的，極限終究會到達。（頁五十五、倒六行）

冠學按：這表示完全不同科不同種不能從某一定的科種中產生，達爾文自己便否定了自己的物種進化學說，即爬蟲永遠是爬蟲，不能變為靈長類；玫瑰永遠是玫瑰，不能變為薔薇。那麼地球上這千千萬萬的物種是怎麼來的呢？無可避免地，我們一定得提到基因改變工程，這是一種大智慧大技術，不是宇宙輻射線、紫外線在某種極簡單的機率上所造成的病態改變。輻射線、紫外線射中了基因分子中的某一個電子，把它彈掉了，這個分子便起了變化，於是便產生所謂突變，這個突變便產生病態個體。只有基因工程設計的改變，纔有可能產生新物種。人類便是「基因工程設計」的一個產物，一個明例。

這裏所謂極限，是物種伸縮賦性的極限。任何物種都有它的伸縮賦性，同種間的個體差異，甚至被認為變種、新物種的，都是賦性的伸縮。老天賦予一種生物，尤其高等生物，在基因中給予相當寬幅變換的設計。達爾文用來推論自然選擇的人工選擇，如鴿子、羊、狗、馬，若真有什麼變化，這應該全是老天當初所賦予。但這種基因的寬幅設計，不是無限度的，變化也只存在於這限度內。種的移動尚且不可能，何況談到科、目、綱、門？達爾文是把人工選擇做無限度的推論，而有了自然選擇。其實在自然界只有適者生存，不適者滅亡，而沒有選擇這回事。就人的觀點來看，自然界生物的存亡，往往還是違反選擇二字，明白地說，自然界根本沒有選擇這回事，且往往是反選擇。

種是人分出來的，如依據這種種的分法，同是一個地區的同種人類，便可分出幾十種甚至百種的人種來，如長面的、短面的、高身的、矮身的、胖的、瘦的，這種外型的差異，不可謂不大。

附錄：陳兼善《普通動物學》：「當所有的遺傳因子都變為同型合子時，這品種便無法更進一步的選擇。」（頁一〇五九）

七、達爾文腦筋打結

如果物種曾經一度做為變種而存在過，並且是由變種而來的，我們便能夠明白理解此等類似性；如果說物種是獨立創造的，此等類似性便完全不能解釋。（頁七十七、倒八行）

冠學按：經由變種而新種，新種與原種的類似性是邏輯上的必然。既然經過變種的階段，這是被限定死了，新種跟原種一定要有很高的類似性。但我們要鄭重聲明，一個種不能變為另一個種，這裏是達爾文個人的私見，沒有事實的依據。至於達爾文認為物種若是獨立創造，種與種間的類似性便完全不能解釋，這一點但看人類的創造物，便可明白，乃是達爾文的腦筋有問題。試看人類創造的一大掛一大掛同類物品，指飾、首飾、項飾，帽類、衣類，玩具、用具，乃至今日臺灣最佔道路及停車地的各種轎車，豈不盡是極端類似？一想到上天的創造，達爾文的腦筋就會打結，這種自我腦筋打結的症狀，嚴重影響了達爾文思想的澄明性，當然也嚴重造成他的著作的不可靠性，或不客氣地說，嚴重造成他的著作的渾沌性。

八、美妙的設計

無論在任何地方和生物界的任何部分，都可看到美妙的適應。（頁八十、三行）

冠學按：依筆者的看法，並非物種適應環境或互相適應，實乃造物主依環境依生物互相關係之條件而造了物種。以人類為例，不是我們的眼睛之視神經適應藍天綠地，而是藍天綠地適應我們的視覺，即天之藍地之綠，乃為我們的視覺而設。極地動物，如北極熊，如企鵝，皆先有冰天雪地，造物主因為之造此等動物為點綴。不是在冰天雪地的極地，動物闖入之後起適應，那是不可能的，闖入者一闖入便被凍殺絕滅了，不可能有來得及適應的機會。無論地球氣候如何變遷，無論赤道在何所，地球總有兩個極地。鳥獸、蝴蝶、魚蝦皆有遷徙之物種，這表示動物有選擇氣候之性。動物既有選擇氣候之性，則極地冰封雪覆便無理由有動物居留，而事實則有之。故極地動物之存在，完全駁倒了自然進化論的適應之說。彼一遷徙，一走了之，何苦受此祁寒？

總而言之，適應是一種設計，沒有設計便沒有適應。蒲公英種子上的冠毛，飛鳥的雙翼與中空的骨頭及其羽毛，魚的鰓、鰭及流線型的軀體，貓科的肉墊腳，食草獸的硬蹄，水禽的蹼爪，都是設計。因為是設計，纔有美妙的適用，否則我們不知道生物如何適應起。最為特出的設計，是陸上哺乳動物的生產，幼體頭先出，海中哺乳動物的生產，幼體頭後出，不是這樣的設計，前者會難產而死，後者會嗆水而死。一樣的哺乳動物，由自然演化，不可能分別演化出兩套正相反的方案來。以鯨魚為例，若說鯨魚先是登陸生產，頭先出，後來改為頭後出，纔在海中生產，鯨魚體重噸位太大，一擱淺尚且不能脫身，登陸生產後，還能回到海中嗎？這種不可能有的事，即使假設是可能的事實，牠又怎麼知道，自某一次開始頭後出，而安心地留在海中生產呢？凡此皆涉及物理的可能性和認知問題，自然進化不可能有這種可能性和認知。這嚴明地有設計者的存在。再如有袋哺乳類，育兒袋袋口全是向前開的，但有袋鼴鼠因為要出入地洞，袋口反向向後開，以免向前開兜入泥土和砂礫。這個有袋鼴鼠的反向，和鯨類的反向是同例，也是定例的逆轉。如果是自然進化，不可能進化出有袋鼴鼠這種動物來，因為有袋類袋口一例向前開，這種鼴鼠必然會由於不適應，剛一產生便絕滅了。再舉一例，也是有袋類。美洲有七十六種有袋負子鼠（即鼩），最大的一種，喜歡在水中過活，牠的袋口有一條括約肌，像拉鍊可緊繃密閉，水不能入，而幼鼠在密閉袋中可忍受母鼠潛水數分鐘，更奇的是幼鼠還可呼吸二氧化碳。如果是自然進化，此種負子鼠也不可能出現。

上舉的例，自然進化論者或許有話要說。陸生哺乳類不是沒有頭後出的例，只是此例因難產而絕滅了。海生哺乳類不是沒有頭先出的例，只是此例因嗆水而絕滅了。有袋鼴鼠也不是沒有袋口向前開的例，只是此例因兜入砂土而絕滅了。大自然進化，各種例都有，合者留，不合者棄，如斯而已。這些話聽來頗合理，但這裏筆者再舉一例，請自然進化論者再作答。駱駝鼻孔有括約肌，風沙大，可關閉鼻孔，潛水獸和潛水鳥也有閉鼻設備。據此看，一切獸類和鳥類應該有閉鼻不閉鼻兩類，因為「大自然進化，各種例都有」。但事實是非沙漠地區及不潛水鳥獸全看不到有閉鼻設備，即使不使用，閉鼻設備並不妨害生存。人類有很多機會須要閉鼻，因為沒有這種設備，只得以屏息或揑鼻來反應。不使用便退化了嗎？人類足以證明自然進化論這種解釋的荒謬。事實是一切都是設計，非絕對必要便不會給予這種設備，如斯而已。

九、物種差異的由來

物種間的差異，可以說都是從生存鬥爭中得來的。(頁八十、六行)

冠學按：我常不解草鷯鴝(Tawny Wren Warbler)和陶使(Yellow-bellied Wren Warbler)，同科異種，形體極相似，性亦極相似，其差異最大者有兩點：一、草鷯鴝顯豁，陶使隱祕；二、鳴聲曲調大不相同。二鳥同一環境生活，有陶使之處便有草鷯鴝，有草鷯鴝處便有陶使，不熟習者根本無法單就外形區別二者。此二種鳥，其所以為不同種，是從生活鬥爭中得來的嗎？我要問的是：一、其顯豁性與隱祕性的由來；二、其唱調的絕相異的由來。我的答案是：在於腦中結構之異，與生活鬥爭全不相干。草鷯鴝顯豁，陶使隱祕，二支並秀，草鷯鴝未因顯豁而不利於生存，陶使未因隱祕而更有利於生存。草鷯鴝與陶使，絕無理由有絕不相同的唱調，此唱調不能從生活鬥爭中分化出來。此二種鳥，依達爾文的觀念，應為同一種的分化，其間最大的問題在於絕非從生活鬥爭得來。

再以臺灣的螢火蟲為例，臺灣有四十五種以上的螢火蟲，又是循怎樣的鬥爭途徑分出差異來的？

又如禾本科的草，種類多至不可勝數，全地球禾本科（竹類不計），有一萬種，臺灣則有二百七十種，這些禾本科的草，我們就看不出有什麼鬥爭途徑演化出差異來。

最尋常的例，無如蚊子和蒼蠅。蚊類和蠅類之間，有誰能看出牠們是因那一種生存鬥爭而有了差異？我住在雜草叢生的果林中，大蚊、小蚊每日要被叮十幾口，我就看不出牠們生活上有什麼鬥爭，我身上的血，對牠們都是公平供應的，牠們即使多至一百四十種，我也看不出有什麼生活鬥爭存在，而非要分化不可，便是不分化，一樣可容易獲得血來吸。蒼蠅的分化則有些道理，有雜食的家蠅，肉食的蛆蠅（以善生蛆出名，又叫肉蠅）以及各種果蠅，因食物之差異而有差異，但也不是由生活鬥爭分化出來，乃是天生如此。

非洲草原上有七十多種羚羊，牠們為什麼要這樣多分化？即使將羚羊減為數種，如跳羚、瞪羚、水羚、牛羚（角馬），牠們和斑馬、水牛永遠結伴在同一地區上，有什麼生存鬥爭非分化不可？我們完全看不到，即使是斑馬和水牛，也沒有理由和羚羊分出差異來，除非是有意的設計。

達爾文閉起眼睛，昧起良知，以危言聳聽的手段，胡亂主張，把一個和諧共存的生物界的形成，解釋成這樣兇厲恐怖，這種不問事實，不負責任的心性，可怕之至！達爾文這是邪說，遺害至大，他乃是人類的罪人。怪不得倡導階級鬥爭的馬克思，讀了達爾文的《物種起源》，看到生存鬥爭說，十分欣慰，引以為同道同志。

十、透視「自然選擇」一詞

每一個微小的變異，如果是有用的，便會被保存下來，這個原理，我用「自然選擇」這個名稱，來表明它和人工選擇的關係。(頁八十、倒六行)

冠學按：微小變異已由德弗里 (Hugo de Vries) 實驗證明不能遺傳，因此達爾文的「自然選擇」已成了一個空名詞，沒有實際意義。

按「微小變異」，如大麥穗芒的變長變短，變長是有用變異，變短是無用變異，經德弗里的實驗，二者都不能遺傳。達爾文認為一種生物是由另一種生物變來的，而其轉變乃是由許許多多有用的微小變異在長時間中連續累積而成。但微小變異不論有用無用都已證明不能遺傳，故達爾文所主張的「自然選擇」已不能支持一種生物是由另一種生物變來這個說法。

自然選擇，也譯做自然淘汰，舊譯譯做天擇。達爾文「自然選擇」這一詞，是自斯賓塞 (H. Spencer) 的「最適者生存」這一詞轉來。斯賓塞的適者生存之說比達爾文的自然選擇說平實得多。自然選擇說顯得有些玄，自然又不是人，更不是指的是老天或上帝，它本身便是由無生物和有生物所構成，構成物怎能又選擇自己？自然選擇這一詞，含有誇張的成分，即含有觀念竊據的用意，是一種不實在的說法。這種說法有導引讀者或聽者屈服於法則性權威的用心，因為「自然」二字是一個大名詞，包含有絕對權威性，舊譯譯成「天」字，更突顯出其彌綸涵蓋的威力。達爾文不肯老老實實用斯賓塞的平實用詞，而結構出這一個新詞，顯現著他的十分投機的心態。至終，「自然選擇」這一詞這一說，遂與牛頓的「萬有引力」這一詞這一說獲得同等分量的崇高地位。因此，可以說，達爾文不是在學說上獲得大成就，而是在用詞上獲得大成功。

對於本節所引達爾文的話，這裏且引達爾文在別處的話來予以反駁：「有人曾經辯說，不能從家養族以演繹法來推論自然狀況下的物種。我曾經努力探求，人們根據什麼確定的事實，而如此頻繁大膽地做出上述論述，但失敗了，要證明它（自然選擇）的真實性，確是極其困難的。」（頁三十、八行）

十一、淺顯的事象

如果某一動物能夠運用某種方法來保護牠的卵或幼體，少量生產仍然能夠充分維持其平均數量；但如果多數的卵或幼體遭到毀滅，便必須大量生產，否則該物種便會趨於絕滅。（頁八十五、九行）

冠學按：依照自然進化論推，不管產量少產量多，自然進化不可能產生保護方法。因為自然進化是盲目的，不是有智慧有設計的。依照自然進化，動物不可能會保護牠們的卵，也不可能會保護幼小動物。故自然界只有產量多的動物存在，因其產量多，在機率下逃過多少劫數，生存下來，繼續延續其種族的個體的，應該會有。依照自然進化，雞不可能孵卵、育雛，人類也不可能撫育幼兒，因為自然進化不可能進化出這種超乎自然進化的設計行為。自然進化只在個體的體制（個體結構）上，便有嚴重的可能性的上限，即只限於極簡單的結構，稍微複雜的結構便涉及超乎自然進化的設計。本節所引達爾文話中所舉的例，充滿了智慧與設計，即，必須在智慧設計為充足條件之下方為可能。無論產量少而有保護，或產量多而無保護，都是智慧設計的一種事實。達爾文嚴重欠缺反省能力和客觀理性，他的後繼者也莫不如此，許多淺顯的事象，無智識的人能有的判斷力，小孩童便具有的判斷力，達爾文全然沒有，他的後繼者也沒有。我們透過本書全書加以指摘加以解明的事象事理，一個無成見的人，一個不是存心昧下良知的人，其實都能自明自曉，獨達爾文一班自然進化論者，因為抱持成見，因為昧了良知，硬是不能自明自曉。筆者寫這本書，很覺得痛心。這些話，筆者有不得不寫出的苦衷，往後讀者愈是一節節接著讀下去，便也會愈是痛切地感受到。

十二、達爾文與馬克思

一切生物都有高速率增加的傾向，因此不可避免地就有了生存鬥爭。（頁八十二、倒六行）

各種生物無例外以高速率自然增加，如果不被毀滅，則一對生物的後裔很快就會掩蓋整個地球。（頁八十三、三行）

每一種生物都按照幾何比率肆力增加；每一種生物都必須在其生涯的某一時期，一年中的某一季節，世代與世代之間，或幾個世代的間隔中，進行生存鬥爭，而大量毀滅。（頁九十六、倒四行）

這是馬爾薩斯的學說原理以加倍的力量應用於全動物界和植物界。（頁八十二、末二行）

一切生物都按照幾何比率高速增加。（頁一二五、末二行）

冠學按：達爾文在他的《自傳》裏寫道：「我有一次偶然讀馬爾薩斯（T. R. Multhus）的《人

口論》一書當消遣，纔驚覺動植物生存鬥爭，適者生存，不適者淘汰。」按馬爾薩斯《人口論》第六版第一卷第一章寫道：「動植物只在觸犯生存維持物資時纔互相受到限制，否則它們的繁殖是不受限制的。大自然雖然在動植物上盡其最大豪奢廣播生命的種子，卻在育成這些動植物的場地和養分上顯得頗為吝惜。那支配萬物的所謂必然的自然法則，自會限制它們於一定限度之內。任何植物任何動物都屈服在這一大限制法則之下，即在人類，便是怎樣動其理性，也無法脫免這個限制的法則。假定現在世界人口是十億，人口是依一、二、四、八、十六、三十二、六十四、一二八、二五六的數目而增加，生活物資是依一、二、三、四、五、六、七、八、九的數目而增加。因此二世紀後，人口與物資之比為二五六對九，三世紀後是四〇九六對十三，二千年後的比差便大得無法計算了。」達爾文便是讀了這一段文字，驚覺到生物慘烈處在生存鬥爭中。其實這只是一個統計預算數字，與事實並不相符。達爾文「生存鬥爭」的憬悟，是種不正確的反應。按幾何比率，通常寫做幾何級數率，而簡稱幾何級數。幾何級數是逐項依次乘二累增，算術級數是逐項依次加一累積，項差愈往後愈大，終至相去成兩極。說不好聽，這是數字遊戲。馬爾薩斯也交代得很清楚：「自然法則自會限制它們在一定限度內，任何動植物包括人類在內，全都屈服在這一大限制法則之下。」事實上動植物界包括人類在內，真正的敵對者，並非生物的同類或異類，而是生存的環境，包括氣候的變化、天災和疾病或瘟疫，這纔是生物的共同敵。用目前流行的話說，一切生物是一個命運共同體，同在一個環境中討生活。生物是共生，而不是鬥爭。達爾文未能深一層去體認，還誤解了生物生存的真諦，這是犯了欠深思，可說是種淺見。個人的淺見如有害，最多害及其本人或其家人，但著書立說若犯了淺見，流弊與貽害小則及於一地的社會，大則及於全天下的蒼生。達爾文因為乘著反宗教趁科學的大浪潮，影響遍於天下，且淹及後世，這是大罪過，出於個人一己不智的大罪過。馬克思讀了《物種起源》，很感興趣，認為是同道同志（因為馬克思主張「階級鬥爭」，而達爾文更徹底，主張「生存鬥爭」），他寫信給恩格思說：「達爾文的書很重要，給我一個自然選擇的基礎，可將它用在歷史的階級鬥爭上。」因而想跟達爾文深交，要將《資本論》的英譯本題獻給達爾文，達爾文由於家人的反對而未接受。按馬克思和達爾文，無獨有偶，乃是十九世紀所產，對二十世紀人類造成世界性負面影響的兩個著作家。馬克思的「物質生活的生產方式制約著整個社會生活、政治生活和經濟生活的過程。不是人們的意識決定人們的存在，相反的，是人們的社會生活決定人們的意識」，這種唯物的經濟史觀，其對人類和人群的破壞並不在達爾文的生存鬥爭自然選擇說之下。這兩人對二十世紀的人類都造成了洪水猛獸般的災禍。現在共產集團幾已崩潰，只剩少數地區仍然在荼毒人群；而進化論則依舊腐蝕著全人類的心靈，比起馬克思來，達爾文尤其可怕。也不是因為達爾文掌握了真理，若達爾文真的掌握了真理，那倒是好事，達爾文只是掌握了時勢，以一種無事實根據，也不知是惡毒的蓄意或淺見的無知觀念投時勢之所好，如火之燎原，一發不可收拾，使整個人類解體，這是自有人類以來，未曾有過的浩劫，不是遺憾兩字可以輕輕帶過的。

十三、進化神話

有人說我把自然選擇，說成是一種動力或神力。（頁九十九、一行）

冠學按：我們不說遠的，我們近取諸身，我們單看我們人類自己的身體的整個體制罷。依達爾文的自然進化說，即依他的自然選擇，人體這樣精密的構造，乃是自然演變通過自然選擇重重疊疊累積而成，果如所說，這樣的演變與選擇，豈不神乎其技了嗎？皮膚是我們的封疆，血管是我們的運輸馳道，紅血球是大卡車，白血球是兵士，這就夠了，不必搬出整本《人體生理學》來。我們且引達爾文自己在別處寫的有關眼睛生成的一段話：「在生物體中，變異會促成輕微的改變，生殖作用會使這些改變幾乎無限地增加，自然選擇會以準確無誤的技巧把每一次的改進都挑選出來。讓這過程在幾百萬年間，每年在許多種類的幾百萬個體上顯現進行。正如『造物主』的製作做得比人類的製作更好，這種活的光學儀器會造得比玻璃製品更好，難道我們不能這樣相信嗎？」（頁二〇五、一行）達爾文居然把他的自然選擇比擬做「造物主」，難怪別人會有「神力」的想法了。其實達爾文只是把「上帝」換稱做「自然」而已，如果他的「自然」不是換湯不換藥的「上帝」，他的「自然」便完全不可能有此能力，而他的進化論便完全不能成立了。

達爾文在各方的壓力下，不得不接著做如下的解釋：「避免『自然』二字的擬人化是有困難的；我所謂的『自然』，僅僅是指許多自然法則的綜合作用及其產物而言，而法則則是我們所認定的各種事物的因果關係。對此稍稍熟習，這些膚淺的反對論調，便會銷形於無睹了。」（頁九十九、四行）

這裏筆者想做個反問，自然選擇（自然淘汰）是正選擇或反選擇（正淘汰或反淘汰）呢？達爾文必然會正色地說是正選擇正淘汰。可是環境的惡劣，瘟疫的兇厲，或偶然的機會，是玉石不分的，那麼這是正選擇或正淘汰嗎？再優秀的物種，都無法抵禦上述的三種因素而免於滅亡。那麼自然選擇或自然淘汰是正作用呢？反作用呢？達爾文自以為自然選擇神乎其神，其實它是盲目的、無方向的。當然一種盲目無方向的作用，便不是選擇了。這樣的作用將不會產生現有的生物界，人類當然尤不可能產生。

十四、錯誤的標題

同種的個體間和變種間生存鬥爭最劇烈。（頁九十四）

冠學按：達爾文這個小標題跟他在本節中的討論不相符，可以說這個小標題是錯誤的。實際上生存鬥爭最劇烈的，還是在於同屬的物種，或同科的物種。同種間的生存鬥爭是內鬥，無害於本種的傳承。真正嚴重的生存鬥爭，存在於種與種之間，尤其是同屬或同科之間，這是外鬥，鬥輸了，整個種族可能絕滅。南美的一種禾本科植物名叫巴拉草 (Brachiaria mutica) 的，傳入臺灣以後，以極高的速度，霸佔了一切溪浦地，原本生存在溪浦地千萬年來的禾本科體型中等甚至矮小的品種，全數被驅逐。

生存鬥爭存在於生物間，這是事實，但老天一向以生態平衡法則籠罩住生物，至終所達成的是共生。生存鬥爭在生態平衡法則中，只是一個小手段而已，過分的誇大生存鬥爭，表示達爾文對生態平衡共生的無知。當然，十九世紀的時代，我們不能苛求達爾文輩對生態平衡的共生有預先的全盤了解。生存互助（克魯泡特金所提出），也是生態平衡法則中的一個手段，正應被同等看待。真正亂了生態平衡的共生的，不是大自然，而是人類，這是應該加以認明的。就資本主義猖獗的今日而言，人類因資本主義的猖獗而變成了地球的癌，這個地球的癌，已不是為了生存而猖狂，而是為了奢靡而猖狂，這又豈是達爾文輩所能預見的？在人類主導下的二十世紀，生物現象早已無生存鬥爭的存在，達爾文的生存鬥爭說，已過時了。現在是人類奢靡鬥爭獨霸的時代。

十五、目的與設計

蒲公英美麗的羽毛種子，初看之下似乎僅僅跟空氣有關係。然而羽毛種子的好處，無疑和密佈著許多植物的地面有密切的關係。由於羽毛，種子纔得以廣泛地散布開去，落在空地上。(頁九十五、八行)

種子中養料的主要用途，令人懷疑是為了有利於幼苗的生長，以便和四周繁茂的其他植物相鬥爭。(頁九十五、倒四行)

我們看見食葉蟲是綠色的，食樹皮蟲是斑灰色的，高山松雞冬季是白色的，赤松雞是石楠花色的，我們不由得不相信這些顏色對於這些鳥類和昆蟲的避免危險是有好處的。(頁一〇二、九行)

冠學按：達爾文這些話都涉及智慧的設計。第一，蒲公英種子上端的羽毛，是一種降落傘設備，它是一種智慧的設計，它的設計者是先知道空氣有浮力，空氣會流動成風的。自然進化盲目瞎碰，純理論地看，即依達爾文所設定，物質能自動契合為生物體這個基礎來看，是有可能，但在實際可能率上為不可能。第二，種子中的養料，如豆瓣，如稻米，這也是智慧的設計，一如鳥蛋，不是如此構造，種子不能發育。自然進化盲目瞎碰，在這裏連純理論都已不可能，莫說是實際。第三，昆蟲、鳥類的保護色，也是智慧的設計，它的設計者，也先有敵害這個觀念和認知。自然進化盲目瞎碰，純理論地看，有可能，但實際上，像枯葉蝶、花螳螂，已超出其可能性；而夜鷹的知道利用其保護色，棲息在枯葉堆上，或樹木的橫柯上，這已超出進化瞎碰的可能性之上，為自然進化不可能的事。至於高山松雞冬季在雪地裏羽毛變為白色，以配合遊棲地顏色的改變，這更是設計中的再設計，自然進化盲目瞎碰，便是純理論也已不可能，莫說是實際。

十六、由阿米巴進化到馬的機率及所需時間

一個物種要有相應的大量變異，必須是變種一度形成之後，經過長時間的間隔，再度做同樣的變異，或是有同樣有利特質的個體差異的出現；而這些變異必須再度被保存下來，如此一步步地發展下去。由於同種類的個體差異一再出現，這種假定就不應該被認為不當。但是這種假定是否正確，這得看它能夠符合及解釋自然的一般現象到什麼程度來加以判斷。反過來說，一般相信變異量是有嚴格的限制，這種信念同樣也是一種不折不扣的假定。(頁一〇二、三行)

冠學按：達爾文剛剛在前面贊同華萊士變異量有極限的說法，這裏卻反目不承認了，因為這關係著他的物種起源的全盤推演。既然如此，他何必當初，他當初便不該認同華萊士的有極

限之說。

凡事皆有限度，世間無有無限度的事。若達爾文是個明理人，他應該不會主張一個無限度的有利變異。荀子論四蔽，培根也論四蔽，達爾文蔽於成見，硬要主張自然進化，無分限地演化出無制限的物種，因而發明一個世間獨一無二的無限度有利變異的講法。由這個講法，可以有一極為方便的說法，即自阿米巴可以一條鞭進化到人類，只要無限有利變異和自然選擇。這是一種不顧事實事理的如意想法，已達於異想天開的地步。近世歐洲數學天才學者發明了多方面的應用數學，其中有一項叫或然率或可能率，也叫概然率或蓋然率，又叫機率（一七九五年法國數學家兼天文學家 P. S. Laplace 推出機率論）。達爾文如懂得或然率，只要一念及或然率，他先就唫口不敢講半句話了，而達爾文是一個數學根底很差的人。一九四六年諾貝爾生理醫學獎得主 H. J. Muller 教授，特地計算了自阿米巴（單細胞動物）連續有利變異到成為馬的機率。他假定兩千年纔有一次變種突變，而一千次變種突變有一次有利突變，那麼要獲得兩次有利變種突變，得有一千乘一千次的變種突變，即：

$$1000 \times 1000 = 10^3 \times 10^3 = 10^6 = 1000000$$

也就是一百萬次，要有一百萬次的變種突變纔能獲得兩次有利變種突變。他再假定，要有連續一百萬次的有利變種突變，纔可能由阿米巴變出（進化出）馬來。因此由阿米巴到馬的變種突變總數是一千連乘一百萬次，也就是一千的一百萬次方，即：

$$1000^{100萬}=10^{3\times100萬}=10^{300萬}$$

就是一的後面連三百萬個零，要這麼多次纔能產生出馬來。這個數目字，要印成書的話，可印成每冊約五百頁的書三大冊。換算成機率，是：

$$\frac{1}{10^{300萬}}=10^{-300萬}$$

這個機率表示絕對不可能，也就是要由阿米巴進化到馬，乃是件絕對不可能的事。故達爾文的物種起源的學說，是完全沒有意義的天方夜譚。但進化論卻另有一解，那就是：只要時間夠長久的話。進化論以此破解看似不可能的事實為百分之百可能的事實。它用另一個天文數字來抵消另一個天文數字。這是打馬虎眼，是和稀泥的手法，足以唬倒人的。這裏我們來檢驗它這個天文數字的時間到底有多大？按依據 Muller 的假定，由阿米巴進化到馬所需時間，是：

$$10^{300萬}\times2^{100萬}\ 年$$

就是兩千年連乘一百萬次。而地球的年齡不超過四十六億年，亦即：

$$\leqq 10^{8}\times46\ 年$$

現在我們將兩份年數比比看，由阿米巴進化到馬所需時間，遠遠超過地球的年齡太多太多。

假定宇宙的年齡是一百億年，即：

$$10^{10}\text{年}$$

那麼我們用宇宙的年數去除由阿米巴進化到馬所需的年數，即：

$$10^{300萬-10}\times 2^{100萬}$$

由阿米巴進化到馬所需時間，是現宇宙年齡的這麼多倍，那就是說，要宇宙再往前經歷現宇宙這麼多倍數的年代之後，纔會進化出馬來。那麼達爾文的物種起源之說，豈不是無稽之談嗎？

本節所引達爾文的文句中提到「個體差異」這個事實，達爾文對「個體差異」並未提出專論，這個問題包含在他的無限微變和兩性交配中。但達爾文認為每一物種起始於單一祖先，如果這是事實，那麼個體差異不可能產生。理由是：遺傳因子基因有嚴格複製自己的本性，而微變又不能遺傳，那麼個體差異如何能發生？既然個體差異不能發生，達爾文的物種進化便成了子虛烏有的夢話了。

十七、達爾文的幼稚與無理性

動物一生中僅僅用過一次的構造，如果在生存上極為重要，自然選擇將給予相應的變異；例如某些昆蟲專用以破繭的大顎，或是未孵化的鳥㲉（雛鳥）用以破蛋殼的堅硬嘴端之類。（頁一〇四、七行）

冠學按：昆蟲破繭的大顎，鳥㲉上嘴嘴端上的堅硬尖角，自然選擇是其次，此等設備在自然進化先就不可能。在時間上這是一對一的對決，根本沒有餘裕供作二以上乃至百千萬的偶合選擇，因為依照達爾文的前提，物種是起於單一的祖先。這是有意識的設備，認知蛋殼須用尖角來頂破，繭須用大顎來剪開。

生物體制的任何部分，任一小部分，全都是相對設計，這種相對性，非有設計者便不可能。由盲目的大自然依憑機率去產生，只有偶合性，不能有相對性，而大自然的偶合性在機率上微之又微。生物不下千萬種（一般共識為三千萬種），每一體制上的每一小部分，其數累億累兆累京，而這累億累兆累京的小部分，要它一一偶合，在現實上絕對不可能，即使只是單一個生物的偶合也絕對不可能，這種可能，只存在於神話和童話之中。自然進化論者居然做這種主張，這是腦筋向原始人或兒童倒退的行為。故達爾文的進化論是原始倒退、兒童倒退。其實這已不值得去理睬，這是迷信兼幼稚，乃是徹底的無理性。

有一種鳥，叫 hoatzin，中名麝雉，自然影片名牠南美杜鵑，又名蛇神杜鵑，有的鳥書上名為食蛇鳥。幼鳥的翼腕有粗爪，影片上只看到一枝粗粗的長指爪，有的書上說是有兩枝，應該有兩爪。此鳥長大後，腕爪消失。這是一生只用過一時的設計，和鳥鷇的嘴端尖角，昆蟲的破繭大顎，是一樣的。這種生存上一時必要的設計，過後丟棄，乃是完整設計的一小環，出於設計者，有如哺乳動物，幼兒生出後，母體有乳汁供應，都不是自然進化所能達到。這裏有密切的配合設計。麝雉的幼鳥，極似始祖鳥，可以說是始祖鳥的活化石，於此可以看到另一事實，始祖鳥是不是鳥類之祖，還是大有問題，這是題外話。麝雉幼鳥，翼腕爪和腳爪配合攀樹，是牠生存上很重要的一段行為。牠在樹上生活到羽毛豐足了，可以離開樹木（紅樹林），翼爪自然再也用不著了。這個翼爪是專為牠在樹上攀爬避敵覓食而設計的。

這裏筆者想交代一個字，即嘴字。按嘴字，原本只寫做「觜」，「此」表字音，「角」表字義（角質的）。故鳥的這個部位應該寫做「嘴」字。至於「喙」字，是特指野豬一類能用來挖土的長嘴管。故善辯的人，人們便諷刺他「喙長三尺」，意思就是有一具野豬般的長嘴管。這是本節筆者提到鳥類時，不用「喙」字而用「嘴」字的理由。人類只合用「口」字，「嘴」字「喙」字都不適合。

十八、淺見立說

那些蛋殼較為脆弱而易破的將被選擇。蛋殼的厚度也像其他各種構造一樣，是變異的。

（頁一〇四、倒五行）

冠學按：殺蟲劑DDT盛用後，美國鷹類觀察者發現，鷹類的蛋殼變得太薄，以致母鳥孵卵時，極容易壓破全蛋，因而憂慮鷹類會趨於滅種。達爾文當然不及知道此事，滿以為蛋殼薄是自然選擇的優良品種。但亦由此而知，生物種種性狀，其改變未必全是「變異」，如鷹類蛋殼的變薄乃由於其食物中含DDT劑量之累積，可能妨害對鈣之攝取，或造殼功能之減弱。至於蛋殼這個構造，是真確的設計，無餘裕在厚度上作增減嚐試，更是自明的，這連討論的餘地都沒有；既然構造上用了蛋殼，它便是適中的，不可能有太厚、太薄和適中三種來供自然選擇，因為一次生產下來，不是全是太厚，鳥鷇難產致死，便是全是太薄，母鳥孵卵（這會孵卵纔是一個大問題）全部壓破，不可能同一次卵，有三種厚度供選擇，因為產具是同一的，而且達爾文更主張同出於一祖，若是三祖，過與不及者不傳，適中者傳，還有可說。

按蛋的構造：蛋黃、蛋白、蛋膜、蛋殼及氣室、通氣孔，這樣完美至神乎其神的造物，讀者你能夠認同是由大自然盲目瞎碰碰出來的嗎？自然進化論者的立說基礎是無理性，有理性的人會硬咬住牙根做這樣的無理性主張嗎？

十九、性競爭：鬥與不鬥

依據難以繼武（步）的觀察家法布爾的觀察，屢屢看到某些膜翅類的雄蟲為了要獲得某一特殊的雌蟲而打鬥，雌蟲在一旁做壁上觀，然後跟得勝的雄蟲相伴走開。（頁一〇六、倒六行）

在鳥類裏，這種鬥爭往往比較和緩。一切對這問題有研究的人都相信，許多種雄鳥之間的最劇烈競爭是用歌唱去引誘雌鳥。（頁一〇六、末行）

冠學按：法布爾（J. H. Fabre, 1823–1915），法國偉大的昆蟲學家，專從事膜翅類、鞘翅類、直翅類的生理解剖與習性觀察。著有《昆蟲記》，自一八七九年至一九一〇年，共出十卷。達爾文的《物種起源》係一八五九年出書，可知達爾文所舉膜翅類的例，不在《昆蟲記》。按法布爾於一八五四年在《自然科學年鑑》發表他的第一篇成名論文〈節腹泥蜂習性觀察記〉，達爾文所舉的例，應該出在這一篇論文。其後法布爾陸續有質量並重的論文在《自然科學年鑑》

發表，達爾文諒都讀過，且極為佩服，故他在《物種起源》裏纔會極力稱讚法布爾。法布爾有一分事實說一分話的紮實治學風格，正是達爾文最欠缺的。我們可由這一點想見達爾文稱讚法布爾為「難以繼武的觀察家」的心理和心情。達爾文不止佩服法布爾，還進一步達到了崇拜的地步。但達爾文的《物種起源》法布爾讀過後，卻覺得十分不對勁兒。他完全無法認同，因此他表明，雖然他能夠接受稱讚者的稱讚，卻決不能輕易放棄自己的學術解見去接受稱讚者的見解。在《昆蟲記》第三卷裏，法布爾未指名道姓地反駁了達爾文的《物種起源》。他在另一篇長文裏，說他的先人是務農的，而他是治學的，這要怎樣從進化論的觀點來解釋問題便出在人類的靈性、昆蟲的靈性上面。一粒細微的落塵，很簡單的這麼一粒小無生物，它的降落的途程和時程，人類已無法用數學計算來加以把握，還說什麼能夠把握複雜萬分千千萬萬的全生物？「我繞著進化論兜起圈子，結果看到，這座有能力與歲月抗衡的宏偉建築的穹頂，卻原來只是一個尿泡。實在對不起了，我用大頭針戳了進去。」（王光華譯）因此他這篇反駁達爾文的文章的篇題便叫〈戳一下進化論〉。當然進化論的尿泡穹頂，經不起一戳，破滅了。但是《大英百科全書》卻說，法布爾是被引導纔反對進化論的。這些進化論者多麼的不甘心啊：假使沒有那班反對進化論的壞蛋的引導，法布爾一定會成為另一個偉大的進化論者無疑！他們不甘心地這樣想著。法布爾說得很清楚，他決不會放棄自己的學術解見去接受進化論，而這些進化論者，卻把法布爾當小孩子一般看待，像是他無知地受人唆使煽動。

虧得這些人說得出這種話來。

按兩性生殖動物的性鬥爭，雄鬥雌鬥皆有，如企鵝便是雌者為爭奪雄者而鬥，而人類的雄鬥兇殘，雌鬥陰毒，則凌駕在一切動物之上。一般印象，以雄鬥為常。達爾文說鳥類較為和緩，也未必然。雞鴨都屬於鳥類，雄鬥異常慘烈。大體地說，地上鳥類的雄鬥之慘烈，並不在獸類之下；樹上空中這二種鳥類的性競爭之鬥，便很有些不便了。鷹類是鷙禽，因為專在空中活動，且地盤遼闊，性鬥爭幾乎不存在，有之是地主驅逐侵客的飛掠動作而已。至於枝頭上的鳥類，以唱歌宣示地盤，雌鳥之入雄鳥地盤，這跟雄鳥的鳴聲之美不美似不相干，主要還是在於雄鳥的地盤合不合她的意。

學理要慎重提出，絕對不能淺見草率，否則很容易歪曲事實，製造出假真理。

二十、歪曲事實，製造假真理

圭亞那的岩鶇、極樂鳥以及其他幾種鳥類，會聚集在一處，雄鳥一隻隻把美麗的羽毛極其精心地展開，盡可能地用最佳的風神顯示出來；而且還在雌鳥面前做出奇形怪狀的表演，雌鳥在一旁觀看，最後選擇最為窩心的雄鳥當配偶。（頁一〇七、一行）

如果人類能在短期間內，依照人類的審美標準，讓他們飼養的矮雞獲得美麗的姿色和優雅的姿態，我實在沒有充分的理由來懷疑雌鳥依據牠們的審美標準，在成千上萬代的世代中，選擇鳴聲最好或羽色最美的雄鳥，因而獲得顯著的效果。（頁一〇七、六行）

冠學按：達爾文這個比論似是而非。人的選擇是出於同一個審美意志，貫串於家養動植物好幾代，而在自然界，並沒有這麼一個同一的審美意志來貫串數代（雌鳥有無審美能力還是一個問題）。達爾文提到矮雞，即以雞而論，交配權操在打鬥得勝者之手，雌雞根本沒有選擇的餘地。養過雞鴨的人，這種認知是非常明確的，達爾文大概沒養過雞鴨，纔有此空想。矮雞在人類飼養下可能培育出美種來，在自然狀態下，只可能育出強種來。達爾文做為一個有專學的學者，這點常識常理應該有，而事實是全然沒有，他全像一個非專學的門外漢，胡亂信口開河。學術落到這個地步，很可悲，洪鐘毀棄，瓦釜雷鳴。

鳥類中或許有極少數，取決於雌鳥的選擇的，但必不是審美的選擇，如對雄鳥本身真有什麼選擇，應該在於雄鳥的雄風，此事奧妙，可以說，不可理解。流蘇鷸是一例。雄鳥數隻齊集一處，假意互鬥，但有時也會將假當真，跳起猛力互啄。據 J. Z. Young 說，有人觀察過三小時，雌鳥和某一隻雄鳥交配十次，僅一次和另一隻雄鳥交配。筆者觀看影片，觀感是群雄的展示，無一不美，雌鳥的選擇，奧祕莫測，筆者只能說，這完全是主觀認定，不可能有客觀標準。如人類男女的相悅，也漫無標準，以女人為主體而言，有的女人所愛在雄風，有的女人所愛在俊美，而雄風與俊美的類型又不一而足，往往正相反。故達爾文的性選擇一說，如標準定在雄風，我們十分贊同，如定在美的選擇，則未免太玄了，而且絕大多數動物，雌性根本無選擇權，這是最重要的一點。影片中看見平行的樹枝上各有一隻雄極樂鳥，像排練過，動作整齊劃一，在展示其同樣無限美麗的彩羽。此時未見雌鳥。鏡頭一轉換，忽見一隻雌鳥循著其中一枝樹枝，走向那一枝樹枝上的雄鳥。再換一個鏡頭，另一隻雄鳥已不在那另一枝樹枝上了，大概是自知失敗離開了。這極樂鳥，比起流蘇鷸，真的是君子之爭。但雌鳥是正在那枝樹枝的另一端呢，還是特地跳過來的，則不得而知。

雄鳥築巢，雌鳥選巢，如澳洲的造園鳥 (bower-bird)和織巢鳥 (social weaver)，都是著名的例子。實際上，那些雄鳥，由人類這個審美專家來評鑑，全不能判出高下，每一隻雄鳥都很好看，看不出有醜的一絲跡象。故像這一類雌鳥選擇，只能算是巢選擇，最多只能說是技藝選擇，要談到審美的美選擇，怕扯不上關係。加拉巴哥群島的地雀（地鶯）也是一例，且經過精心研究過。一九七七年，大戴弗妮島（一個極小的島）大乾旱後，中地雀只剩一百八十隻，其中雄地雀佔了一百五十多隻，雄雌的比例不到五比一，這是性選擇絕佳觀察的機會。觀察所得結果，是佔地盤大的雄鳥獲得雌鳥的青睞，與之交配，在「他」的巢中為「他」生蛋。到頭來還是比氣力，比強弱，強的地盤佔得大，最多只能說比雄風，至少美不美，似全不是問題。故雌性選擇，羽色美、鳴聲好的選擇到底是否存在，並不能確定，或更明白地說，難於確定。倒是這一切取決於雄鳥的氣力、戰鬥力，是很可以確定的。

筆者這裏想附贅一語。極樂鳥的雄鳥，羽色之美，無以復加，倘使牠們決鬥起來，豈不大煞風景?自然進化，有三層困難：一、其羽色之美，靠自然進化進化不出來，否則一切鳥種都應該有最美的羽色；二、靠自然進化，雄鳥焉知自己美而利用這個本錢來展示；三、雄鳥又焉知此一身的美，不宜決鬥。推著這三層事實，自然進化論只能算是個人的主觀主張，永遠不能成為公論。

圭亞那的岩鶇，影片中未曾看到，無法描述。人各有份，達爾文得以遊歷半個地球，筆者最遠只到過小琉球，出國一遊，連夢都不能做。很抱歉，這裏得向讀者告罪。

費鴻年所譯川村氏《動物生態學》寫道：「歌唱等種種動作，多由生理學的狀態而起，這種行動，一方面可以促進異性的性興奮，同時又更可能促進自身生理作用而增加性的興奮。達爾文把這種現象歸諸異性的選擇，而造成雌雄淘汰，則未必為真理。」據此，雌鳥之選擇雄鳥，撇開對雄鳥地盤之合意不合意不談，其選擇雄鳥的時間，應在於性興奮被鼓動陡起的瞬間，既不關美羽、鳴聲，亦不關雄風，全看其陡起瞬間的印象正落在那一隻雄鳥的身上而定。而瞬間印象的落點，除了取決於雄鳥的動作、鳴聲的波動性之外，一般地看來，偶然性佔了很高的比率，這是可以推定的。

達爾文的《物種起源》一書，好作個人主觀的如意想像，而不經切實論究，正如我們在上一節說過的，至終是歪曲了事實，製造出假真理。

陳兼善是進化論者，當然是達爾文的信徒。他在《進化論綱要》一書中，闢專章討論達爾文的性選擇之說。他引了好些個性選擇的實際實驗者所得實驗結果，正跟達爾文的說法相反的例，然後下了幾個結論：「他太把動物認做是有意志的，他還沒有曉得遺傳的祕密，所以其結論就啟人疑惑。」「這種學說完全拿人類審美的感覺為基礎而結構成功的；人類和其他動物雖有相同之處，不過一概看做類似，就難免差誤了。」「不是像達爾文那樣簡單，只以『當然』二字了之。」

自然科學的學說建立在堅實的實證之上，達爾文的進化論學說卻建立在「想當然」之上，這是哲學，不是科學。

如果真有鳴聲和羽色的美選擇，經歷「成千上萬代」後，一切鳥種都應該演化成具有雙重的最高美，即包括鳴聲的最美和羽色的最美，亦即一切鳥種都會既是最佳的鳴禽又是最優的美禽，今日的鳥種便不會分為鳴禽與非鳴禽、美禽與非美禽的兩大類，換言之，一切鳥種都會盡是美如孔雀而又善歌如畫眉，而事實並不如此，可見達爾文的性選擇是天方夜譚。

二一、花蕊的裝置

當一朵花的雄蕊突然向雌蕊彈跳，或是慢慢一枝枝向雌蕊彎曲，這種裝置好像是專門適應於自花受精。（頁一一六、五行）

冠學按：達爾文的敘述文字，處處顯示著有人格性的創造，這條引文只是一個例子而已，其全書幾全是此等文字，如「裝置」二字，絕非無意識無智慧的巧合，而乃是設計，亦即非出於自然進化，自然進化不可能。

二二、錯誤的意想

雖然大自然可給予長久的時間，讓自然選擇去進行工作，卻不能給予無限的時間，因為一切生物都努力要獲得各自的位置，如果任何一個物種沒有隨著它的競爭者發生相應程度的變異和改進，則會歸於絕滅。(頁一一九、倒六行)

冠學按：生命是有彈性的，不論生物是老天所造，或出自自然進化，彈性是生命的基本賦性。沒有彈性的生物，不可能生存。無生命的物質也是如此，沒有彈性的物質，不可能存在。凡是存在的，不論是生物非生物，一概全都有彈性。鑽石彈性雖低，它還是有彈性，因為彈性低，故鑽石最脆。達爾文這些話是常識，不過他放在生存鬥爭上說，未免有偏頗，起碼要考慮生存互助這另一動力。從生存互助這方面著想，講法會是另一個樣子。

單從生存鬥爭上看，生物固然有相剋彈性，終究在彈性內進行，一超過彈性，當然要滅亡。彈性有多大，生存力便有多大。生物互相剋擠，剋擠是專就生物生存鬥爭相剋上說，如從物質環境上說，這是生物與物質環境的相對關係，這裏只有適應，而沒有鬥爭，這裏有另一種彈性，超出這另一種彈性，生物當然也要滅亡。

大體地說，生物相剋的彈性，幾乎是對等的，但生物適應物質環境的彈性則沒有對等性，物質環境的改變過大，往往玉石俱毀，這一點似乎未為達爾文所措意。達爾文的主意只在生物的相剋性這一方面。但這裏我們要指出，事實上物種的淪亡，亡在生物相剋上的，我們幾乎全未看到，只有人類所剋擠的對象除外。我們甚至可以大膽地說，人類的剋擠除外，從來沒有過任何一個物種亡於另一個或另兩個以上的物種的生存鬥爭上。美洲的旅鴿，紐西蘭的恐鳥，北極的似企鵝大海雀(great auk)，法國的野狼，模里西斯的都都鳥，非洲的斑驢和白尾牛羚，澳洲的袋狼，都是亡於人類之手。凡所有曾經存在過，業已滅亡的物種，全是亡於物質環境的超壓力。

這裏我們要再特別指出，本節所引達爾文的話，顯然不合事實，乃是他個人的空想。如果要說達爾文的話確為事實，那麼他所指的相應程度的變異和改進，自從人類出現之後，確已為難了相關其他生物。許多與人類相關的生物，都已面臨或已經面臨生存彈性的極限，達爾文說是變異，那是沒有的事，我們只能說那是彈性內的事。一個物種就是一個物種，不可能再有變異。細菌或病毒的抗藥性，那是彈性內的事，它不可能一下子轉變為別的種屬綱目的生物。故我們要鄭重宣稱，本節所引達爾文的話，是完全錯誤的。

附論：人類這個「新生物」

達爾文在一八七一年又出版了另一部聳人耳目的書《人類的由來》，預言人類還會繼續進化，後來尼采便根據達爾文這個預言，推出了「超人」。這是頭腦簡單者的預言，也只有頭腦簡單者纔能接受。但如今臺灣居然先是出現了「新人類」，不到十年又出現了「新新人類」，幸而達爾文早已作古，否則他不被這些疊出的新證據樂死了纔怪。如果達爾文地下有知，一定會說：「沒想到進化會這麼迅速！」我們已經聲明過，物種只有彈性的推移，且在彈性限度內推移，不會有種的改變或變異。人類終究是人類，不可能變異為「超人」或「非人類」或「新人類」或「新新人類」。

華萊士 (A. R. Wallace) 在馬來讀到達爾文的新書《人類的由來》(*The Descent of Man*)，很不以為然。達爾文主張人類是與猿猴同祖先進化而來，而且還繼續在進化中。華萊士認為以人腦而論，馬來的野蠻人與歐洲文明人完全無異，可見人腦自始便準備好了，不是臨著今日又有了什麼進化。而且人類皮膚的柔軟富於感覺，人類的語言能力，辨色能力，數學天才，音樂天才，道德特質，這都不是用進化法則自然選擇法則能加以解釋的。故自然選擇不能完全套用於人類。

筆者在這裏要特別指出，地球上的生物，不論那一個物種，它一開始便是如此，根本未有演化。以人類而言，他自一起始便定了型，未再變異。今日人類，只是大腦開發出它的潛在能力而已，這既不是變異，也不是進化。只有造物主改造生物，纔有新種的發生，此外全是定種潛能的啟用而已。所謂潛能的啟用，便是上來我們一再指說的彈性。達爾文在這裏，再次歪曲了事實，製造了假真理。

按華萊士一八五八年和達爾文聯名在林內學會發表自然選擇說論文，翌年，即一八五九年，達爾文便出版了他的《物種起源》一書。故「自然選擇說」，其實有兩個創始人，即華萊士和達爾文。達爾文因為身在英國，輩分又大些，又積極出版了《物種起源》一書，遂得獨擅高名。華萊士一直住在南美、馬來，交際不便，且未積極出書，終被達爾文所掩蓋。

二三、自然選擇說的困難

在有計劃選擇的情形下，飼養者朝著某一定目的來選擇。在自然狀況下也是這樣，雖然程度上有些微不同，向正確方向變異的一切個體，都有被保存下來的傾向。（頁一二〇、一行）

冠學按：飼養者手下的選擇，縮短了時間，自然選擇則須要較長的時間，依達爾文的意思就是如此，除了時間長短不同，選擇的效果是一樣的。如果這是限於本種向極限變異，且不涉及美觀，我們不能不認同達爾文的講法是正確的。但如今問題是，達爾文的自然選擇可以從阿米巴選擇到人類的出現，這第一層便太離譜；第二層是太多生物，或可以說一切生物，內外都是極其完美，不說內在的完美，單說外在（即外形）的完美，全是超乎生存的目的或條件，生存的目的，這是達爾文所謂的正確的方向；但美麗卻超乎達爾文的正確方向，如蝴蝶、鳥類、一切植物，尤其有些植物的葉子是滾邊的（如婦女衣裳的邊），這些皆與生存無關，生物界有一大半特色全與生存事實無關，獸類亦然，爬蟲、昆蟲莫不皆然。我們從一切生物的美觀上尤其明顯地看到是設計，其實其內在體制也無一不是設計。即使退一步說，結構較簡單的生物，或可由自然進化而來，但自此以上的一切生物，非有造物主的基因工程設計，便無法生成。特別應該指出的一點，就是凡是造物主手中設計出來的生物，無一不帶著合乎人類審美觀的美麗外形。真不解自然進化論者能夠無視這麼龐大的事實。

二四、老天而外，不可理解

在同一地域內同種動物的兩個變種，經過長久的時間依然區劃分明，這是由於棲息的地點不同，繁殖的季節略微有異，或每一變種的個體只喜歡和各自的變種個體進行交配所致。（頁一二〇、倒二行）

冠學按：臺灣的兩個特有種鳥類，白頭翁和烏頭翁，應該是達爾文所說的兩個相異變種。此二種鳥除頭頂上一戴白帽，一戴烏帽而外，無可區別。白頭翁分佈在臺灣西部，烏頭翁分佈在臺灣東部，兩種好像世仇，劃了界線，互不跨越（但在界線上有重疊）。此事困擾了多少鳥類專家。二者區劃分明，在達爾文的諸種解釋中，只合於最後一項，即「每一變種的個體只喜歡和各自的變種個體進行交配」。達爾文的「喜歡」二字講得很可愛，但全無根據。此二種鳥的互不越雷池一步，是不是也能援達爾文的可愛解釋，說成「我不喜歡你的臺灣東部（宜蘭地區屬白頭翁），你不喜歡我的臺灣西部（恆春半島屬烏頭翁）」，我想也沒這道理。那麼真相何在？我想也只有老天曉得。這二種鳥，分明在牠們的靈肉中，老天爺給賦予了某種程式，最終的目的，在於讓自然進化論者難堪。達爾文那「喜歡」二字，說得多麼難堪啊！

螢火蟲種數亦不少，各種雌蟲只認雄蟲螢光明滅間歇長短而與本種交配。蟬亦然，只認本種的鳴聲而與本種交配。這裏非有先天程式內在於靈肉中便不能解釋，這是自然進化不能為力的事。螢卵從未見過螢光，蟬卵也從未聽見過蟬聲，而牠們能分辨出本種來。白頭翁和烏頭翁的絕對不混血，也只能和螢與蟬同一解釋，乃是先天程式設定；尤其牠們的嚴守界限，不肯越雷池一步，除了老天賦予的天命以外，無從從演化上予以解釋。

二五、又一個錯誤的意想

在小島上，生存競爭不那麼劇烈，因此變異也較少，絕滅的情形也較少。（頁一二三、倒六行）

冠學按：生存競爭（生存鬥爭）和變異沒有任何關連，即使生存不競爭，變異如果有的話，還是會一直不停地發生。這個觀念須要釐清。這是依照達爾文的想法來推論的結論。反過來說，生存競爭大，如有變異的話，變異量還是和生存不競爭的情形一樣大小，既不增大也不減少。這也是依照達爾文的想法來推論必然有的結論。這裏達爾文強調「生存競爭不那麼劇烈」「變異較少」，似乎將生存競爭和變異當正比，這種講法和生物變異的實際推論是不相符的，也就是說這種講法不符合達爾文自己的立論。我們所以要反覆將達爾文的話來檢視，是要顯示達爾文的理路不健全。

生存競爭（生存鬥爭）與變異無關，但變異則與自然選擇有關，沒有變異，當然也就沒有自然選擇，有變異纔有自然選擇，有自然選擇，便有淘汰，便有絕滅。

生存競爭，即使沒有變異，自然選擇也存在，當然絕滅的情形便也存在。故生存競爭和變異，都跟自然選擇有關。這些理路得一一釐清，否則推論會一塌糊塗。達爾文頭腦往往混沌，時常自陷於矛盾，不得不指出。

達爾文本句話（即上引的話），在暗示小島上，因為生存競爭不劇烈，變異量因之也較少，故有長久存在的物種，甚至成了活化石。他這一句話，沒有一處是對的，也就是說每一處都是錯的。

小島上即使物種少，依照達爾文的理論推，同種內的內爭也是很劇烈的，任何人皆可閉起眼睛想像得到。但同種的內爭，自然選擇只能對個體加以選擇，對物種本身無任何作用，因此物種沒有絕滅的情形（理論上推，或可能有，事實上不可能有）。

《活化石》一書的結語說：「一般說來，島嶼絕非『活化石』的生存空間。如加拉巴哥群島 (Galapagos Islands) 上的動物，就沒有一種可以稱為『活化石』。」這些話正否定了達爾文的話。

達爾文全書處處都是意想話，非常不實在。他的所謂學說，也只是他自己「想當然」的一番「如意話」而已，完全不可靠。

在淡水中還可找出像鴨嘴獸和肺魚那樣奇形怪狀的動物，牠們一如化石，多少能夠連結起在自然等級上甚為遠隔的一些個目。這些奇形怪狀的動物，可名為活化石。因其居住在局限的地域內，少變異，因而鬥爭也不那麼劇烈，纔得以一直存續到今日。（頁一二三、末行）

冠學按：到此，我們清清楚楚看出前引達爾文的話，是本小段引語的伏筆。鴨嘴獸和肺魚的發現，讓進化論者驚奇地看到了活化石，因而達爾文不得不想個什麼道理來交代這兩個物種何以能生存至今。其實根據達爾文的「物種不是不變的」的定律，鴨嘴獸和肺魚，早就該變異為新物種，絕滅很久了。

達爾文搪塞之詞，讀者已經很清楚地看到了，這是達爾文學說的標準典型，隨便發個意想，自以為是，便算了事了。

按本段所引達爾文的話，「少變異，因而鬥爭也不那麼劇烈」；而前段所引達爾文的話，「生存鬥爭不那麼劇烈，因此變異也較少」。達爾文居然將因果任意顛倒，而泰然自若。他理路既已不健全，他的學說真不知道是如何建立的？

二六、化石再挫達爾文的意想

我完全承認自然選擇的作用是極其緩慢的。只有在一個地區的自然組成中預留有供現存生物在變異後得以佔據，這時自然選擇纔能發生作用。（頁一二四、倒三行）

冠學按：稍後於達爾文，活躍於十九世紀末二十世紀初，法國大生物學家 E. Perrier 卻有另一見解。他說：「除非預有許多不同樣生物存在，則天然淘汰（即自然選擇）也無從施其技。」（見其所著《史前的地球》，伍況甫譯）按自然選擇或天然淘汰是消極的，變異纔是積極的，這是達爾文學說的二大支柱。E. Perrier 接著說：「這許多樣生物又從那裏來的呢？達爾文並不言明。」依達爾文，當然是由天文數字的時間與無盡有利變異的連續而來。而這我們在前面已經討論過，乃是跡近不可能。

雖然同種一切個體間彼此微有差異，但要讓它們的體制間有正式特質的差異，須要有

很長的時間。（頁一二五、二行）

在很長的時間裏，通過自然力量的選擇，即由於最適者獲得生存，我覺得生物的變異量是無止境的。（頁一二五、八行）

冠學按：這是達氏的言明。但生物如一如達爾文的信仰，變異量無止境，今日的活化石一種也不能留存。達爾文在前面引過華萊士變異量有極限的話，卻又一再推翻。達爾文寫《物種起源》一書一直反反覆覆無定見。

我相信此等緩慢無間斷的自然選擇作用的結果，和地質學告訴我們的這個世界的生物變化的速度與方式是符合一致的。（頁一二五、六行）

冠學按：十九世紀卓越的古生物學家，美國哈佛大學動物學教授 L. Agassiz (1807–78) 說：「進化論實則與地殼岩層中的動物的埋沒及分佈情況相衝突，高等的魚反是先有，低等的魚反是後來。」（見 Hull《達爾文與其批評者》一書）

又寒武紀時有十門構造複雜的動物突然出現，前此地層中見不到，也沒有牠們的先代動物的化石。白堊紀的岩石裏有許多開花的種子植物，也是突然出現，其先期植物，也不見蹤跡。

又舉世聞名的進化論古生物學家 G. G. Simpson 在其名著《進化的速度與方式》中說：「這些變化的發生不是漸進的，而是藉突然躍進的方式進化。」（引自韓偉院長譯 D. T. Gish《化石否定進化》一書）正否定達爾文的上文。

Simpson 於另一著作《生命的進化》中又說：「化石記錄顯示幾乎所有各類的生物均係突然出現。」（仍引自韓氏同譯書）

E. Perrier 也說：「就像地質學家所指，有些物種在某某地質層裏忽然發現，教人一時無從發現牠們從那裏來？」（見《史前的地球》）又說：「新特徵發現時，我們簡直無從委以理由。」（見同書）又說：「我們直接企圖推求動物特徵——好像這些特徵由奇蹟而起。」（見同書）又說：「動物所過的生活，顯然不夠招致這種轉變，否則凡是攀緣動物，都應該已獲得降落傘了。」（見同書）

Claude A. Villee 在他的《生物學》教本第四十七章說：「重大轉變的發生，是突然的，並非是對自然選擇的反應。例如我們人類突然在化石記錄中出現，除了人類，原始龜類在那裏？似蝙蝠動物又在何處？所有的古老蝙蝠都是完全調適了的飛行哺乳動物，絕不是過渡時期的類型。」

J. Z. Young 在其 *The Life of Vertebrate*（《脊椎動物通論》）一書中也說：「很多古生物學家相信，有證據足以證明演化是以突然躍進的方式進行的。」又說：「有很多演化作用是以一系列量子式躍動而進行的。」又說：「吾人已知有無數的種可能以很快的速度演化出來。」又說：「由一屬至另一屬的系統轉變的例子，迄無可稽之記錄。」（于名振譯）

凡此種種都與達爾文的說法（意想）不相符合，化石居然給達爾文做了反證。我們一路來一再看見達爾文的意想全是空想，這怎麼能夠稱得是學說呢？

我的小女兒說：「以人腦的優異，不可能長久鬱滯，應該在短時間內便會大開發，說人類的出現已有幾十萬年，乃至數百萬年，這跟他的腦構造不相符。人類的出現，應該不超出一萬年以上。」我覺得她從人腦這方面來考量，很有見地。有個進化論者也說：「人種的勃興顯然在短促的時間中——好似爆炸地那樣短促。」（見 L. Young 編《人類的演化》一書，此處引自何天擇先生著《人從那裏來》。）

二七、荒謬的自然選擇說：反選擇、反淘汰

自然選擇的作用全在於保存在某些方面有利的且因而得以長久存續下去的變異。（頁一二五、倒三行）

冠學按：如五十歲大象一對長牙，重一七五公斤，如壯年美洲巨角麋一對掌狀巨角，重逾六十公斤，如孔雀尾大不掉的長尾羽，如蝴蝶的彩紋扇形或葉形翅，都絕對對本身不利。故實際並非自然選擇，而是老天選擇，惟有老天選擇纔可能有這等超乎生存需要的體制，為人類觀賞用的體制。在植物方面，多少模樣的葉形和花形，都是超出了生存生殖的設計，尤其花之被摘，更是不利於生殖。若不是有人類，這一切全是無的放矢。達爾文不是三歲孩童，而他卻只有一顆歪曲的心，我為他感到悲憫。

有所謂達爾文鶯雀，為加拉巴哥群島的特產，由於達爾文的採集而得名，絕對沒有警戒心，猛禽猛獸，包括人類，皆可隨意獵得。臺灣也有這一種屬的鳥，鳥書上叫文鳥，民間叫牠鷽鳥。有烏嘴鷽、赤鷽、褐鷽和灰鷽四種；灰鷽為鳥書所不載。此類鳥通常五、六隻成一群。我便見過一群褐鷽，先後被同一隻貓獵光，而愛莫能助，牠們太欠警覺心了。像這樣欠警覺的本能，達爾文的自然選擇居然還保存了牠。加拉巴哥鶯雀還有可說，臺灣的文鳥便無可說的了。

在大自然界虎豹是百獸之王，何等逍遙，何等無憂。如果牠們身上的皮毛也跟牠們的視覺一樣是灰色，牠們真可以稱得是天之驕子。不幸，牠們的皮毛對於靈長類是太鮮豔了，雖然牠們自己只看見是灰色。老天為了保護靈長類避免被牠們獵殺，故意為牠們著了這樣的顏色，可是人類卻為此獵殺了牠。不知道達爾文的自然選擇在這件事上起的是什麼作用？對虎豹自身這是全然不利的。

玫瑰多刺，如果多刺是有利的，那麼多數無刺的花種便顯得不利了，但二者卻並存無礙。不知道達爾文將怎樣來推論自然選擇說？

鮪、鰹一類海魚是人類餐桌上供肉最完美最典型的多肉魚，如果牠們少生些肉的話，豈不對自己更有利？豬一身的肉，對自己大不利——自然進化論者或許會推說，那是經人工選擇不是經自然選擇的產物。

以偏概全是未經思想訓練的人的通病，達爾文既然要著書立說，起碼得把自己的思想訓練好，否則誤己誤人，罪過擔待得了嗎？

加拉巴哥有不能飛的鸕鷀，這種鸕鷀被解釋為翅膀退化，理由是島上無肉食獸，鸕鷀用不到飛。退化和進化是不能並存兩立的對遮（互相否定的）概念，因為經自然選擇選取而保留的，乃是合適的，不可能再變為不合適。鸕鷀原本是善飛的鳥，來到加拉巴哥之後，依自然選擇說，不管有無天敵，牠應該永遠維持原狀，不可能退化，因為能飛對牠的生存不會構成不利。故如果真有自然選擇，現在的加拉巴哥應該有能飛的鸕鷀存在，因為自然淘汰無法淘汰牠。而且退化乃是不可能發生的事。鸕鷀的體細胞有雙倍體的染色體，即使翅膀完全廢棄不用，染色體還是依然故我，不會改變。而牠的生殖細胞則只有單倍體的染色體，飛不飛，也不干它的事。故退化在個體一生中可以有，在生殖中則不可能有。如果在生殖中有，那麼這是反選擇，反淘汰。熱帶鳥和雨燕也是著例，牠們現時的腿腳都極短，著陸便有喪命的危險，既不能爬也不能飛起，這也是反選擇，荒唐之至。

上一節剛引過Villee的話：「重大轉變的發生，是突然的，並非是對自然選擇的反應。」寒武紀的大爆發，白堊紀之後的再爆發，這是鐵證，與自然選擇完全不相干。

二八、蟑螂否定達爾文的意想

因為新類型常會產生出來，除非物種可以無限增加，但我們不這樣假定，那麼許多老類型勢必要絕滅。（頁一二六、十行）

冠學按：我們不知道達爾文心目中，地球上的物種到達什麼數目纔算飽和，然後新汰舊。現存動物假定是二千萬種，這個數目並非一夕達到的。蟑螂是個極古老的物種，有三億五千萬年，這是盡人皆知的。牠至今還是我的藏書的大敵，牠並不絕滅，不止未絕滅。蟑螂的天敵多的是，旗蜂在牠的卵包中產卵，旗蜂的幼蟲吃掉牠的卵，壁錢是牠的直接剋星，壁虎也是，貓也是，蜥蜴也是。旗蜂、壁錢、壁虎、貓和蜥蜴都是蟑螂的老後輩，這些新物種的出現，並沒有消滅掉蟑螂。又恐龍絕對不是新物種消滅了牠。現存物種，全都是老物種。幾億年算老不算老？幾千萬年算老不算老？現存物種有那幾種是新類型的呢？這一切物種難道是一夕之間一齊冒出來的嗎？只談動物，二千萬種不會是一夕之間同時冒出的，那麼牠們之間一定有先有後，後的一出現，先的便被淘汰了嗎？果真如此的話，動物的飽和點，是二？是十？是百？是千？是萬？是百萬？千萬乃至億萬？達爾文總得出示一個數目來，不能漫無數字地漫說啊！因為我們終究未能確知地球物種已經或未曾飽和。依理推，有限的空間不可能有無限的生物，那麼問題應該只有兩種可能：一、物種數飽和後，不再產生新物種；二、物種一直在新汰舊，維持一定的飽和點。第一種可能，符合造物主創造說；第二種可能，符合自然進化說。就目前看來，是處在第一種的狀態下，事實是有很長久的時間不再有新種產生了。

我們歡迎自然進化論者，提出舊種已不存在，新種遞出的證據來！

二九、意想生物界

據我的觀點，變種是形成過程中的物種。(頁一二七、六行)

變種，即物種的假想原型，未來有顯著特徵的物種的親體。(頁一二七、八行)

我一向是藉著家養動物投射在這個問題上的光來探索。(頁一二七、倒四行)

假定在歷史的早期，某一民族或某一地區的人需求快捷的馬，而另一民族或另一地區的人則需求強壯粗笨的馬。在初期，差異可能極為微細，可是經歷長久時日，因為繼續的選擇，差異變大，便由亞種而新種獲快捷馬和強壯馬這兩種馬，而具中間性狀，既非快捷亦非強壯的劣等馬，使由於不被用來育種，就此逐漸消滅。(頁一二八、三行)

冠學按：人工育種，可以刻意育出看來是新種的物種，在自然界根本無此事。人工育種中的所謂變種而新種，自然界根本不存在，也不可能存在。達爾文將人工選擇去冒替自然選擇，當然便推論出自然界時時有變種的出現，繼而有新物種的出現，這完全是他腦裏的意想，非有事實可印證。以他所意想的馬為例來考察，自然界所寶貴的馬是善於生存的馬，而不是競技場上的明星快馬，或運輸道路上的有力馱馬。大自然，如真有選擇，這二種馬都不是自然選擇的對象，自然選擇所選擇的馬，正是達爾文所意謂的劣等馬，亦即一直生存在大自然界的原種馬。這個道理和事象都很淺顯，都很容易明白，達爾文因為要強力推廣人工選擇為自然選擇，反而將自然生物界整個擾亂了，他用自然界原本沒有的原理去解釋大自然，他解釋出來的大自然當然整個變了樣了。這便是他的《物種起源》，他腦子裏的生物界，當然這個達爾文腦子裏的生物界，和真實的生物界完全是兩回事。

按我們一再提示過，物種無不有彈性，沒有彈性物種不可能存活。這個彈性是老天所賦予，預設在其整組基因中。人類利用物種的這個彈性，裒集為一個合意新種，這個當然也是在老天的預設中。但這種人工塑造的新種只存在於人間世。在自然界，只有單一的變種，這個單一的變種，一下子便淹沒在原種浩瀚的生殖浪潮中，不可能形成變種的第二代。因之自然界永遠只有原種，不可能有新種。野生植物在人境中可能出現新種，這可視同人工塑造，不能算是自然演化。自然境類似人境，在理論上應該有，如有這種境地，出現新種是可能的。

三十、橡皮筋效應；人類早該絕滅了

鑑於一切生物相互間及其與生活條件間關係之無限複雜，會引起構造上、體質上以及習性上發生對於它們有利的無限分歧，假如說從來不曾發生過任何有益於每一生物本身福利的變異，一如曾經對人類發生的許多有益變異，那將是一件非常離奇的事。（頁一四七、九行）

冠學按：這段話有兩個重點：第一點，生物相互間，生活條件間關係的無限複雜，果真會引起構造上、體質上、習性上的變化嗎？尤其是構造上，誰看見了現存自然界的生物起構造上的變化？橡皮筋可以伸縮，在它伸縮的極限內，伸縮是它的賦性內的事，一切生物莫不如此，這不能說是變異。至於體質上、習性上，物各有性，喜旱植物與喜水植物，如旱稻與水稻，各不能違性，兩者不能易地而生活，是誰看見過它們改變了？第二點，達爾文說人類曾經發生過許多有益的變異，我們不知道達爾文何以知道這樣的事？人類原本是什麼生物？經過那些樣有益的變異了？達爾文把自己的假想假設當做事實，然後倒果為因，正說逆說一齊來，這是循環論證。

按 J. M. Bochénski 在其《哲學講話》（王弘五譯）中說：「從生物學的觀點看來，人全然沒有權利生存在一個純粹的動物世界裏；甚至寄生的本領也沒有，所以他根本沒有辦法適應這個世界。人只是一種業已衰退了的動物，帶著視力不遠的眼睛，幾乎不值一提的嗅覺，和拙劣的聽覺；這些是他的特色。何況他又欠缺天生自然的武器；像爪子一類的東西，人幾乎已經完全沒有了。他的氣力微弱；跑不快，游不遠。除此之外，他又是裸身的，身上沒有厚毛保護，因而比大部分的動物都容易受涼或受熱（冠學按：應該加上「容易受吸血蟲類的攻擊，因而感染熱病，且容易受有毒動植物的接觸而中毒」），而喪失性命。從生物學的觀點看來，他是沒有權利生存的，他在很久以前，早就應該被消滅了，就像許許多多的弱小動物被滅種一樣。」（見第七講：人）

按如照達爾文的說話，人類有許多有利變異，我們所知除了 Bochénski 所條陳者為大不利之外，筆者可再加幾條：人類眼珠露白，很容易惹引猛獸和獵物的注意，惹引猛獸的注意則有喪命之虞，惹引獵物的注意則有獵物先逃獵不到之失，這是又一層不利。原本在一切獸類鳥類眼珠皆不露白，爬蟲昆蟲也都不露白，即凡有眼睛的一切生物，除人類以外全不露白，這纔是保全之道。這一層，如依達爾文的自然選擇說而言，乃是反選擇，故人類是反進化，倒進化。其次，人髮無限地生長，指甲趾甲亦無限生長，皆造成人類自身的不便或不利；再是男人的鬍鬚亦無限生長，又造成一項不便與不利。這一層也是反選擇反進化。再其次，人類生長期過長，這對於人類未成年者來說，存活率降低了不少。這一層也是反選擇反進化倒進化。又其次，人類入老年，鬚髮皆白，也容易惹引猛獸的注意，對老年人甚為不利（但原始人類壽命短，活到老的少，因為不利的選擇太多，幾乎所有達爾文的自然選擇都要致人類於死地，據說原始人類平均只活到十八歲）。又再其次，人類高鼻，嘴唇外翻，眼珠露白，這三項雖為美觀而設，究竟在樹下、草中及在多蛛網多葉蝨等小型蟲類跳躍飛彈下行走時皆甚為不利，增多受傷受毒的機會。這一層也是反選擇反進化。依據達爾文的自然選擇，生物界有可能產生反進化倒進化的生物嗎？人類，像人類這種反選擇的生物，有可能循著進化的路途而產生嗎？達爾文意想有利於人類的許多變異，其實自自然選擇生存鬥爭的立場而言，連著 Bochénski 所條陳者合在一起，Bochénski 斷言人類早該絕滅，真乃一針見血之論。套用西方宗教的話來說，若人類真的是循著自然選擇的道路進化而來，亞當夏娃自身已不保，還能有第二代嗎？還能瓜瓞緜緜，繁殖到今日五六十億人口嗎？但是人類並未在早期或第一代便絕滅，這是千真萬確的事實，讀者你說這是什麼道理？自然選擇既然不能解釋人類的產生、存續與發展，那麼這個問題，這項事實，應該如何去解釋呢？

三一、欠缺邏輯的結論

自然選擇將各個生物從它們與有機的及無機的生活條件關係中予以改進；從而在甚多情形中，得認定導致體制的進步。（頁一四七、倒二行）

冠學按：朱里安・赫胥黎（Julian Sorrell Huxley）在其 *Evolution in Action*《進化之運作》一書第二章中寫道：「在《物種原始》的第四章中，達爾文曾寫道：『天然淘汰（自然選擇）的結果，使每個生物皆趨於不斷地改進自己與環境的關係。不可避免地，這種改進會導致大多數生物之組織的逐漸進步。』不過，達爾文從未為這部分議論求得邏輯的結論。」（許冠三譯《人類的演進》）按朱里安係湯瑪斯・赫胥黎之孫。湯瑪斯・赫胥黎自稱是「達爾文的看門犬」。當年《物種起源》出版後，引起反對者的大力反擊，達爾文不敢出面，而由湯瑪斯・赫胥黎代打，跟反對者群當面辯論。朱里安這些話，在表示達爾文立論的不足。達爾文的議論，不止此處，他全書到處都未曾求得邏輯的結論。

三二、偽命題

> 根據品質在相應齡期的遺傳原理，自然選擇能夠改變卵、種子及幼體，一如改變成體般容易。（頁一四八、二行）

冠學按：既然達爾文認為自然選擇能夠導致生物的體制的進步（見前一節引文），本引文便是當然的推論。只是達爾文的自我認定，朱里安・赫胥黎認為欠缺邏輯的論理依據。而凡是欠缺邏輯的論理根據的話，都是偽命題。我們這裏只好不客氣地宣判：達爾文《物種起源》全書是一堆偽命題的匯集而已；起碼本節及上一節的引文是偽命題，已不待筆者來宣判了。

其實達爾文一直在重複我們在前面早已完全駁倒過的話。在本書二十節，我們引過陳兼善的話，他說達爾文還不曉得遺傳的祕密，纔能簡單地以「當然」二字來處理一切問題。人愈是無知，愈是敢於輕易下斷言。上一節及本節所引達爾文的話，都是出於無知的話。設使達爾文遲一百年出生，在一九五九年之前執筆寫《物種起源》，由於他已經曉得遺傳的祕密，對地球生物有了更多乃至廣泛的了解（其實達爾文做為一個生物學家，有關動植物的智識極為狹隘，他只是敢於著作而已），讓他成為一個真正的門內漢，不再是門外漢，他恐怕一個字也寫不出來了。在古中國，也有一個跟達爾文的《物種起源》一模一樣的例，我在《田園之秋》第三卷〈晚秋篇〉裏，曾經特地舉出來，現在錄在下面供讀者參照：「《易經》〈繫辭傳〉本身處處是一些光影幢幢的曖昧語，連作者自己都不知所云。例如：『知幽明之故，原始反終，故知死生之說』『知周乎萬物，而道濟天下』『範圍天地之化而不過，曲成萬物而不遺』『聖人有以見天下之賾，而擬諸其形容，象其物宜』。當時科學智識幼稚，人類對物理現象的真正了解膚淺之極。我們今日有了電化飛潛之術，甚至對物質的研究正層層逼入核心，而生理化學的成就雖未臻完全，也頗多洞燭。在這樣的條件下，我們都還不敢寫出上述的話語，而那時的人反敢於寫出。但〈繫辭傳〉的可愛可賞便在此，在於它的狂它的妄，在於它的無有遏制的意想或想像——其想像力因對實際的無知，而得到完全的解放與奔馳。」這些話移給達爾文及其《物種起源》，正無一字不貼切。

三三、罐頭分類

同種的變種關係最為密切，同屬的物種則稍疏，而形成不均等關係的項（section，此字實則可譯為伍或組，譯為區有點欠妥貼，日本春秋社的譯本譯做項，姑從之——冠學）和亞屬；異屬的物種關係更加疏離，而疏離關係程度不等的屬，遂形成亞科、科、目、亞綱及綱。這是一個令人驚異的事實，吾人極可能因為看慣了而渾然不覺。任何一綱中的次級的群都不能列入單一的行列，但卻環繞著幾個點為中心，這些點又環繞著另外的一些點，如此幾乎無限地一個圓一個圓一直劃下去。如果物種是獨立創造的，這樣的分類便得不到解釋。（頁一四九、三行）

冠學按：因為達爾文一直存著創造是獨立的的觀念，因之一遇到這一類問題他的腦筋便會打結。這裏我們要討論的是最後一句話。我們在前面提到過車輛一例，這裏再用罐頭為例來解達爾文的囿。罐頭是人類創造的，不是自然演化所產。但人類創造的罐頭，種類繁多，種類一多，便可做分類，這是定理，也是常識，自然演化所產也罷，人類創造所產也罷，都不能脫出這個定理。達爾文說「如果物種是獨立創造的，這樣的分類便得不到解釋」，可見他的成見囿得多死。如有好事者，大可給罐頭列成項、亞屬、亞科、科、目、亞綱及綱的分類，雖然同樣會遇到很多困難，劃出無限的圓。若生物是老天的創造，絕對不是「獨立創造」，達爾文先就囿在這個觀念上。若生物是出於創造，繽紛必然是它的一個先決形式。其次我們在頭一頁已經提過，生物不可能「獨立創造」，它一定是就一個原型，或幾個原型，分頭改進，故一切生物的親緣關係必然要存在。故綱、目、科、屬的分類是不能避免要存在的。達爾文的成見（有點兒像小孩子），把自己的思路杜死了，這對於一個要建立一套學說的學者，將是其學說的致命傷。即使是「獨立創造」，也無法避免分類學家的分類，種類一多，便會產生類型來，這是不可避免的。

三四、基因幅度

在第一章裏，我曾經試圖闡明，外界條件的改變其作用有二，或直接作用於全體制或其部分，或透過生殖系統間接作用於全體制或其部分。在一切情形裏，都含有兩種因素，一是生物的性質，這一因素遠為重要，一是外界條件的性質。條件改變的直接作用可導致一定的或不定的結果。在後一種情形裏，體制似乎變成可塑性的了，而於此顯現很大的彷徨變異性。（頁一五一、末行）

福布斯 (E. Forbes) 斷言，分布在南方海濱，且是生活在淺灘的貝類，顏色比生活在北方或深水中的同種貝類要來得鮮明。古爾德先生 (Mr. Gould) 相信同種鳥類生活在明朗大氣下時，顏色比生活在海邊或島上時，要來得鮮明。沃拉斯頓先生 (Mr. Wollaston) 相信在海邊生活，會影響昆蟲的顏色。摩坤—丹頓 (Moquin-Tandon) 曾經列出一張在他處雖不是這個樣子，但生長在近海之地時，在某種程度上葉子變厚了的植物表。（頁一五二、九行）

皮貨商人很熟知，同種動物棲住地愈往北，牠們的皮毛便愈厚愈好。（頁一五三、一行）

冠學按：依照達爾文的看法，生活環境，即外界條件，在在會影響生物的體制，有的直接影響，有的間接影響改變基因。我們在前面已經提過橡皮筋效應，即基因幅度的解釋。根據我們的解釋，這些現象還未涉及基因的改變。達爾文因為對基因還一無所知，他不曉得要健全地改變基因有多困難，因而纔做那樣的猜想，認為基因有可塑性，可導致彷徨變異，即不定變異。

我們在前面提出的話是：「橡皮筋可以伸縮，在它伸縮的極限內，伸縮是它的賦性內的事，一切生物莫不如此。」這是造物主的設計，自然進化不是設計，不可能有此。

同一尾比目魚，在不同顏色的海底，會有不同顏色的體色。變色龍是最習知的顯例。像這種情形，不能說該生物活生生地一下子變異了，變異是與生俱來的，對外界條件的隨時反應不是變異，這一點要區分清楚。上引貝類、昆蟲類、鳥類，在陽光多的地方顏色顯得更鮮明，由於光線強度的物理反應，這屬於橡皮筋效應，存在於基因的原設計中，這不是變異。同種獸類在寒帶皮毛愈厚愈好，近海植物葉子變厚，這也是橡皮筋效應，不是變異。雷鳥、北極兔冬夏二季羽色毛色的改變，也是橡皮筋效應，這都是出於原設計，沒有這個設計，生物不可能對外界條件起反應。同一個人，住在臺北，因為陽光少，紫外線弱，黑色素沈潛，皮膚白皙；移居屏東後，因為陽光多，紫外線強，為了過濾紫外線，黑色素顯發，皮膚褐黑。據筆者的觀察，兔兒菜外在條件好，可生長到三十公分高纔開花，外在條件奇惡，只生長到四公分高便開花。白花蛇舌草，外在條件好，有正常的植株，可生長至十五公分高，甚至二十公分高，外在條件極差，則匍匐在地面，只有一公分高，三、四公分長。雀稗是頗高的草，有五十公分高，惡劣環境，小得可被誤認為是小畫眉草，只有五、六公分高。

橡皮筋效應，基因幅度，是生物生存的彈性，有時表現出很奇異，甚至可稱得是光怪陸離的現象，若誤認為是變種或新種，就會產生認知上的混亂。達爾文認為是變異，那是錯誤的。從這個錯誤的認知做起點，於是達爾文演繹出整本《物種起源》這座空中樓閣，於是爬蟲變異為鳥類、哺乳類，阿米巴變異達於馬，而鼩鼱是人類的遠祖，狐猴是人類的近祖，這樣的神話、童話便被編出來了。

三五、學說的困境

在截然不同的外界條件下，同一物種產生相似變種多有其例；反之，在分明相同的外界條件下，同一物種產生不相似變種其例也很多。更有生活在極端相反的氣候下，而能忠實保持純粹，或完全不變，其例多至於無數。(頁一五三、五行)

冠學按：可見達爾文的自然演化一說講不通。他對生物現象所持的解釋有問題；換句話說，達爾文的學說難以成立。這個現象若設想是，一切生物都是原種，不是變種，便很好理解了。但如果這個現象是出現在家養動植物間，用橡皮筋一說，便可迎刃而解。生物的伸縮性，不必定要待外在條件的刺激而後活動，它的活動簡直不可預測，好似海森堡的測不準原理，也延伸到此處來了。

達爾文對上面的現象，做如下的解釋：「由於我們完全不知道的原因所引起的變異。」換句話說，他的整套學說應用不上，也就是講不通。

其實達爾文所認定的變種，這變種的認定便有問題。

三六、達爾文的泥淖：連續與跳躍

南美洲的呆頭鴨（大頭鴨），幼鳥是會飛的，但長大時就失去了這種能力。（頁一五四、四行）

冠學按：依據拙見，這是另一種類型的鳥種。比如青蛙和蜻蜓，蝌蚪可完全生活於水中，青蛙則不能；水蠆可完全生活在水中，蜻蜓入水則死。再如蜜蜂的蜂后，交尾後則不能再飛。最近似的例，家鴨產卵前能飛，產卵後則不能飛了。

達爾文對此現象，以地面沒有食肉獸，成鳥習於就地上覓食，因為沒有危險，不再飛行，久之翅膀退化，成了這樣的品種來解釋。但家鴨的天敵狗、狐狸卻同一地而居，還是以另一種類型來解釋為合理。達爾文主張物種起於一源，一條鞭講下來，纔好自圓其說；若從造物主的創造來解釋，當然便沒有這種不能自圓其說的困難。造物主造物，可以任意跳躍，界、門、綱、目、科、屬、種，都可以是跳躍的，而且自目以上，都肯定是跳躍的，目以下跳躍的也可肯定有，這在達爾文，便處處是泥淖了。筆者本節所舉的例，全是達爾文的泥淖，他不合理的主張，步步泥淖，是註定的。

三七、達爾文的膠著：單途與分途

鴕鳥的確是棲息在大陸上，曝露在不能以飛翔來逃避的危險中。但鴕鳥有如許多四足獸，能夠有效地踢踏敵人來保護自己。我們相信鴕鳥的祖先是近似鴇(bustard)這類有飛翔習性的鳥，因為一代代增大體積和體重，更多用腿腳，更少用翅膀，終於完全不再能飛翔。(頁一五四、八行)

冠學按：這一段話和上一節所引的話同一個意思。但有兩個問題，我們要發問：一是達爾文怎知道鴕鳥的祖先似鴇？二是達爾文怎知道鴕鳥一代代增大體積和體重？有一整系列的化石為證嗎？而且一代代增大體積和體重是根據生物的那一條原理而來的？這是達爾文《物種起源》一書的典型論斷，完全出於個人如意的意想，愛怎麼講就怎麼講，不必有事實做依據。我們在上一節已討論過。因為達爾文主張生物一源論，而且他的腦筋又膠著打結在「鳥能飛」這個兒童所抱的觀念上（達爾文的許多觀念都是兒時得來，成人後未曾檢查過），難道鳥一定要能飛嗎？即使是自然進化，在鳥的進化上分能飛不能飛兩途進行，不可以嗎？這樣的腦筋能用來探究世界的奧妙生命的奧祕嗎？

三八、馬得拉甲蟲童話

沃拉斯頓先生曾經發現棲息在馬得拉的五百五十種甲蟲（現在發現的更多），有兩百種翅膀不全，不能飛；而且本土固有二十九個屬之中，有二十三個屬是如此。這樣多的馬得拉甲蟲之所以沒有翅膀，主要原因大概是跟不使用結合在一起的自然選擇的作用。世界上許多地方的甲蟲常被風吹落海中溺死。有些甲蟲的個體，或由於翅膀發育不完全，或由於習性懶惰，飛得最少，所以不會被風吹落海去，因而獲得最好的生存機會；反之，那些最喜歡飛行的甲蟲個體，最常被風吹落海中，因而遭到毀滅。（頁一五五、六行）

冠學按：甲蟲就是鞘翅類的昆蟲，前翅是角質的，用來保護後翅和背面。此類昆蟲是昆蟲中最大的一個目，種類最多，數量也最多。因為前翅是角質的，不能用來飛行，不止不能用來飛行，還妨害飛行。故這一類的昆蟲都不善飛行，能飛不能翔，飛行很吃力，因此牠們根本沒有像達爾文所說「喜歡飛行」的種類。住在鄉下的人，這類昆蟲的飛行非常習見，牠們連轉彎都不能如意，飛行狀況可以說「十分拙劣」。因此牠們總是在樹上討生活，在地面討生活，在地中討生活，在水裏討生活，可以說牠們都是「不喜歡飛行」的能飛者。上引達爾文的話，除了沃拉斯頓本人說的話，凡是達爾文加上去的話，都有問題，因為他是門外漢，一開口難免又錯了。海邊原本就不是甲蟲的好棲息地，那裏有甲蟲的話，也只生活在地面上或地面下，無法也不必飛行。至於在有樹之地，甲蟲一起飛便被海風打落地面了，不可能有機會被吹落海去。依照沃拉斯頓的統計，本土固有種二十九屬有二十三屬翅膀不完全不能飛行。如此看來，馬得拉總數五百五十種甲蟲中，能飛與不能飛的比數，不該是三百五十比二百，而是應該倒過來二百比三百五十。翅膀不完全的甲蟲，如隱翅蟲 (rove beetle)，鞘翅（或翅鞘）甚短，內翅因而也不夠長，只能短距離飛行，這類型的甲蟲為數很不少。至於無翅的，原就是分途創造或說是分途自然進化的產物，如鳥類中有能飛不能飛的兩途一般，一定要倒過來說是退化，豈不又要陷入兒時成見的泥淖了嗎？達爾文《物種起源》中說的許許多多話，可以說他的全部的論述或敘述，全都是童話。或許他小時候聽老祖母講童話聽得太多且過分重複，早已佔盡了他的思考領域，儼然成了他思維的程式了。如「由於習性懶惰，飛得最少」，這便是典型的童話，成人是不會講這種幼稚的話的；牠用不到飛，何必要被造得能飛呢？除了人類，有某種依恃可以偷懶，地球上沒有懶惰的生物，做為一個生物學家，達爾文應該有這個認知。我們有一句老話「天行健」，天就是自然界。「那些最喜歡飛行的甲蟲個體」，這也是典型的童話。飛行是極端耗費體能的運動，昆蟲不可能給自己過不去。這種無知的話，也只有習於童話幼稚思維格式的達爾文纔講得出來。依據達爾文的童話兒語，甲蟲中難道也有《三字經》諄諄告誡小學生「勤有功，嬉無益」，所不願意看到的「惰」與「嬉」，這兩類不成器之輩嗎？真是奇聞！

> 馬得拉也有不在地面覓食的昆蟲，如某些在花朵中覓食的鞘翅類和鱗翅類，牠們必須經常使用牠們的翅膀以求得食物。據沃拉斯頓先生的推測，牠們的翅膀不但沒有縮小反而是擴大了。這是完全符合自然選擇的作用的。新的昆蟲抵達本島當初，或是擴大翅膀，或是縮小翅膀，這種自然選擇的傾向，將決定大多數個體或是巧妙地戰勝了風，或是放棄跟風戰鬥，少飛或全然不飛而保存下來。(頁一五五、末行)

冠學按：這一段文字，已不止是童話，而且已是兒語了。既然這些甲蟲和鱗翅類（蝶與蛾）是飛越重洋而來，在前一段文字中達爾文強調喜歡飛的甲蟲會被風吹落海中，那麼這些甲蟲和蝶蛾可能飛越重洋而不被風吹落海中嗎？這頭一步的移棲便已不可能，後面的事就免談了。即使牠們是乘浮木漂流而來，在登陸起飛的剎那，有僥倖著陸的機會嗎？即使退一步說，其中有僥倖著陸的，在生物實際生成中，有擴大翅膀或縮小翅膀這種事實嗎？即使我們承認橡皮筋效應，基因幅度，可允許有這種效應和幅度，此事的進展要多少世代來進行？而且來得及嗎？這些極少數僥倖著陸的甲蟲和蝶蛾，在擴大或縮小的經程中，還得有第二度僥倖的假設，否則牠們可能第二度被風吹落海中，全軍覆沒了。再假定縮小的成功了，永遠保存了，那麼擴大的翅膀，到底是更吃風呢？少吃風呢？當然是更吃風！達爾文在前一段說：「最喜歡飛行的甲蟲個體，最常被風吹落海中，因而遭到毀滅。」而這裏卻說「擴大的翅膀戰勝了風」，這不矛盾嗎？不是雙重標準嗎？嗚呼，這是兒童全無實際智識的狂想，那像是成人說的話？真令人懷疑達爾文是不是用心看過甲蟲和蝶蛾的飛行？增大翅膀只有更吃風，一吹沖天，等到風小降落時，已遠離馬得拉島，在大洋中了。真教人不敢相信，達爾文居然會這麼樣保持著兒時的天真永遠長不大！這樣的頭腦，做安徒生、格林兄弟寫童話是合適的，但要做為學者，寫《物種起源》，是萬萬不合格的。

三九、達爾文否定達爾文：地鼠

南美洲有一種穴居的齧齒動物，名叫嘟咕嘟咕(tuco-tuco)，也叫古得諾米斯(cutenomys)。牠深入地下的習性，有甚於鼴鼠。一位常捕捉牠們的西班牙人告訴我說，牠們的眼睛多半是瞎的。我得到過一隻活的來飼養，果然是瞎的，經解剖，纔知道原來是由於瞬膜發炎。(頁一五六、八行)

冠學按：一般人總以為鑽行地中的鼴鼠類是瞎眼的，但達爾文發現是瞬膜發炎。可見此類地中鼠，天生未盲，乃是鑽行地中，引起眼疾，終至全盲。其尚未鑽行地中的新鼠，必然有一雙好眼睛。這一點認定很重要，可判定牠的基因和實際狀況是兩回事，此一類地中鼠千萬代的地中鑽行，並未使基因改變，讓眼睛天生而瞎。果如進化論所言，為自然進化，其基因自始便不給好眼睛了。這項事實既否定了達爾文的自然選擇說，也否定了拉馬克的用進廢退說。

達爾文錄出這一個例子，在下文還為他的自然選擇說敷衍一番，我們覺得那是蠢人蠢話，未加引錄，讀者有興趣，可閱原書或譯書。

四十、盲或未盲

某些蟹，雖然已經沒有眼睛，而眼柄卻依然存在。對於生活在黑暗中的動物來說，眼睛雖然沒有用處，而會有什麼害處是很難想像的，所以它們的喪失，可以歸因於不使用。(頁一五六、末行)

冠學按：這裏達爾文又採用了拉馬克的用進廢退說(器官使用則進步，不使用則退化)。我們在前面已經說過，這在個體一生中可以有，在遺傳中則不可能有，因為後天習得不能遺傳。但此無眼蟹，無眼而有眼柄，我們不知道是被捕捉到的，偶然無眼，還是整個族類都是無眼。若是整個族類都是無眼，必然是成蟹，幼蟹恐仍有好眼；因為生活上用不到，自然萎謝脫落了，否則若是基因中原為無眼，則眼柄也當一併無有了，可知其生而有眼，眼珠脫落了，而眼柄依舊存在。筆者以為除非基因原本無眼根，否則一切盲目動物，應該是後天萎退。盲脂鯉(blind characin)的幼魚眼睛是好的，這是一例。

盲人的子女都有好眼睛，基因決定個體，不是個體決定基因。

湯姆遜教授 (Prof. J. A. Thomson) 在其《日用生物學》(*Everyday Biology*) 一書中說：「歐洲達勒米希阿 (Dalmatia) 地穴暗流中產一種無血色的盲螈。此物皮內沒有色素，試把此盲螈從暗穴移到見光的水缸裏，牠的身上先長斑點，隨後變成暗黑，好像攝影乾片感光一樣。在此新環境所生的小盲螈，也有深暗的色了。穴中用不著眼睛，故此非常退化。出穴以後產生的，就發育得完備許多。我們觀察得不審慎，往往輕下斷語，動不動就說住在黑暗裏的動物沒有眼睛，或者沒有別的官體。得了這個教訓，我們曉得斷語不可下得太快了。」(伍況甫譯)

這裏我們補充一語：盲螈無血色是出生後，在暗穴內褪掉，其幼體出生時是有的。

> 有一種盲目動物，叫做洞鼠，西利曼教授曾經在距洞口半哩的地點捉到了兩隻，可見牠們並非住在極深處，牠們的兩隻眼睛大而有光。(頁一五七、二行)

冠學按：可見多數黑暗動物，被認為天生盲目，乃是人類的誤會。達爾文既然讀到許多這類實例的報告，怎可能不懷疑自然選擇的確實性？又怎可能還採用拉馬克的用進廢退之說？可見達爾文心態上很有問題。

四一、體制不整：常理與學理

> 得康多爾說過，有翅的種子從來不見於不裂開的果實；關於這一規律，我想這樣來解釋：除非蒴裂開，種子就不可能通過自然選擇漸次變成有翅；因為只有在蒴裂開的情況下，稍微適於被風吹揚的種子，纔能比不適於廣泛散佈的種子佔優勢。（頁一六五、倒三行）

冠學按：依達爾文的意思，頭一層，蒴不裂開則永遠沒有機會獲得自然的選擇而有翅。關於這一層，我們有不同的看法。我們認為蒴不裂開依然可有有翅的種子，因為自然進化是全憑機率，在機率上不能排除蒴不裂開的種子有翅。而且我們還認為這種機率非常大，反而是蒴不裂開的種子而沒有翅沒有冠毛等等特殊散播設備的機率要小得多，可以說小而又小。若生物真的由自然進化產生，體制不整是一大特色，即蒴不裂開的種子中，有翅有冠毛等設備的，在機率上要佔百分之九十九以上，這種不合理的體制，我們名它為體制不整。若生物果真出自自然進化，生物界必定充滿了體制不整的怪胎，反而是正胎會稀之又稀，成為稀有物種。故這頭一層，我們要宣稱達爾文的觀點是錯了，而且錯得很離譜，完全不合機率論。達爾文所以會錯，完全出於習焉不察，他的觀念是植根於人世常識，他用人世的常識去想像自然選擇，他根本是人世與自然不分，是人世與自然混同論，恕筆者帶些諷刺的語氣，他真是取的老中國的「天人合一論」。我們在前面指摘過，他把兒時得來的童話格式套用在學理中，同樣的，這裏他是將人世常識套用到生物現象的學理解釋中。常人懷抱常理這是自然的當然的，但學人懷抱的是學理，尤其是自然科學。人難免滿腦子常識常理，但做為一個學人，要將思維伸入學術中時，腦子裏的常識常理須得全盤一一加以檢點。一句話，達爾文乃是以常人之身廁入學術中，對自己腦子裏所存的常識常理全未加以檢點，故自首至尾，全盤都錯了，尤其他的數理根柢相當淺，令他無從使力。

第二層，蒴裂開的種子，依達爾文的意思，這些種子同樣在空中落下，因為本身的形體的微小差異，有能吃風的，有不能吃風的，即使無風，在空氣靜止的情況下，它們的掉落也會由於形狀的差異而有落點的差異，於是便觸發了自然選擇的作用，如此經過百代千代甚至萬代的累積，終於形成正式的翅。理論上這種想像是合理的，起碼合於常識常理。但是根據突變說的創建人 Hugo de Vries 的實驗，微變不能遺傳，因之，達爾文這個看似合理的想像不能成立成真。如要成真，須得一下子突變完成，而這種一下子突變完成，卻不為達爾文的自然選擇微變累積說所容。這裏達爾文又犯了將常識常理充當學識學理來使用而引致錯誤。至此，我們可以肯定，由達爾文的學說不能產生有翅的種子。至於其他各種方式散播的種子（包括鈎搭動物毛羽、包在果肉裏的種子等等），由此也可一併宣判不能用達爾文的自然選擇來促成。

至此我們不得不宣佈，達爾文熱心引用得康多爾的話，想用來足成他的自然選擇的意圖，已歸於完全失敗，原因是他的自然選擇說是常理，不是學理。

四二、特殊與一般；假定與肯定

老聖提雷爾和歌德大約同時提出成長的補償法則或平衡法則，或者像歌德所說的「大自然想在某一方面消費，便不得不在另一方面節約」的說法。這個說話在某程度上可適用於我們的家養產物。如果養料過度傾注在某一部分或某器官，那麼別的部分便很少會獲得過度傾注。因此要得到產乳量多而又肥胖的母牛是困難的。甘藍的同一變種不會同時提供多營養的葉子和多油質的種子。我們的水果的種子要是萎小了，水果本身便會在大小和數量方面顯著劇增。在雞這方面，頭頂上有一大撮冠毛的個體，雞冠一般地會小；多鬍的個體，肉垂就小。對於自然狀態下的物種，這一法則難於主張可以普遍適用。但是許多優秀的觀察家，尤其是植物學家，都相信這法則的真實性。然而我卻不想在這裏舉出什麼實例，因為用以分辨以下的效果的方法我一無所知：即一方面某部分經由自然選擇顯著發達，而和這部分鄰接的某部分則因為同樣的作用或不使用而同等地縮小了；或是另一方面，因為某部分過度成長，其鄰接部分因而營養減

少了。(頁一六六、一行)

我又推測，前述某補償的情形以及某其他事實，是不是可以概括在更為一般的法則之下，即自然選擇是不斷地試圖節約體制的每一部分。(頁一六六、十二行)

冠學按：從上引的大段文字中，我們看到達爾文提出了一條特殊法則，即不能普遍應用在自然狀態的物種的成長補償法則或平衡法則。但到結尾時，達爾文則轉換筆調提出一條「更為一般的法則」，即「自然選擇是不斷地試圖節約體制的每一部分」。達爾文著作《物種起源》一書，運用了兩種筆調，這兩種筆調組織成他的全書：一種筆調是由假定轉換為肯定；一種筆調便是本節所引，由特殊轉換為一般。白紙黑字，歷歷在目，讀者試讀全書便知。這是達爾文獨特的偷天換日伎倆。

動物戴角者無牙，出牙者不戴角。亞理士多德認為這是保衛器官的平衡。這顯然是目的論，即有意的設計。自然進化論者當然不能接受這種講法，故他們從營養分配來解釋，這便是達爾文強調的補償法則。自然進化論者解釋這類事實時，說是養分有限，用於生角，就無餘瀝用來生牙。這是強詞奪理。恐龍時代，多的是三角龍，甚至有十一角龍的存在。現存蜥蜴類中便有小型的三角龍。鹿角、麋角都是多叉的。甲蟲中獨角仙、鍬形蟲的角，都有叉角。

昆蟲六足，蜘蛛八足。環節動物，節數無定。猿猴尾的長短不一。人類的頭髮、鬍鬚無限生長。達爾文知道這許多事實，故他自認無知。但他筆調一轉，換說「自然選擇是不斷地試圖節約體制的每一部分」，也無此事實，上舉這許多例便是。如果自然選擇真的試圖節約體制的每一部分，上舉這許多例便不會產生。此外，像象牙、孔雀長尾羽，草食獸類絕大多數的角，全都是浪費，是反節約。再認真加以考察，如果自然選擇果真遵循節約的法則，孢子植物、裸子植物已經繁殖得好好兒地大量生存著，後來整大批顯花植物的出現，它們的花全是浪費，而果肉包裹種子的植物更是浪費到了極點。要說節約，如草莓、香蕉這一類分芽式的植物，在繁殖上纔合乎節約。但草莓、香蕉都無端浪費了它們太多的養分來產生無生殖效能的果實，為的是什麼？很明顯，顯花植物是要發展到花為人類觀賞的地步，果實為人類品嚐的地步。達爾文的進化論一意迴避這類事實，一定要抹煞造物主的用意。我們在前節說過，生物果真是由自然進化，體制不整將是一大特色，何止是浪費？但今日生物界無一個不整的體制，而且每一物種皆合於目的，包括對自的目的，對他的目的，這是自然進化的成果嗎？達爾文一起頭，便是昧沒良知說話，他的徒子徒孫無一不是如此。我們這裏要鄭重聲明，為了人類的品賞，為了人類的觀賞，為了人類的聆賞，造物主不計所費，創造了萬物，已不限於生物界，便是無生物界也是在這一大法大則下來創造，為了人類晚飯後的怡悅眼目，造物主甚至用這麼龐大的天體，無限多的銀河系來鑲嵌成一面璀燦的夜空，而日月直徑與對地球距離的正比，這一切造設，都是無心的嗎？不幸，人類到了十九世紀，居然有不少人成了喪心病狂者，一窩蜂地以有頭腦無心腸，以自然進化論相尚，以此自高，他們縱然還有肉眼，無奈其心眼已盲，跟他們談論真實真理，還有可能嗎？

這裏筆者要特別針對雞的冠毛與肉冠的問題提出一個回答。據筆者所見，包括公雞母雞，冠毛肉冠雙峨的例甚多，可以說很是一般，目前我還飼養著一隻這樣的公雞，因為負荷不起，未敢令牠繁殖，否則這種肉冠與冠毛雙竦的雞種將充斥我的果園，這當然已不容達爾文排除在一般之外，視為是特殊的了。

順便一提，果樹全是窳材，這是物理之當然，還用不到談什麼補償法則。良木之所以為良木，就是因為它不結果實。就人類的觀點而言，種果樹是圖近利，種良木是遺富於子孫。神木之所以為神木，就是它用全部營養來積蓄材積，且積蓄至數千年。人間父母很少肯這樣來培養子弟的，大多是短期操作，故偉人不多見。人們自待，也多是如此，故遍地是小人物。這是題外話，也是題內話。當然果實是為人類設（不排斥其他動物），木材也是為人類設。

四三、物種不變

在自然系統中低等的生物比高等的生物容易變異。（頁一六七、末行）

冠學按：據 John Gribbin 的 *Genesis: The Origins of Man and the Universe*（《創世紀：人類與宇宙之起源》，潘家寅譯）：「單細胞細菌需要的資料不多，且具較短的 DNA 資料冊，故複製 DNA 時複製的錯誤機會不大，且進展緩慢。一旦複雜的創造物與長的染色體的 DNA 分子在地球上出現，複製便有差錯了，進化變得更有希望。」達爾文的說法適與 DNA 的事實相反，全是出於意想。《創世紀》本段的末句「進化變得更有希望」，這裏連帶一駁。人類有四十六副染色體，染色體由 DNA 構築而成，DNA 又由四種核苷酸構築而成。一副染色體包含兩百億個核苷酸，依這麼龐大的數目看，複製 DNA 排列錯誤的機會非常大。但事實呢？我們以人類為例，據近今學者的共同主張，人類之出現已有四百五十萬年，以三十年為一代計算，人類之繁殖已有十五萬代，這是縱的單線計算，橫的計算則較為複雜，以現今最底部橫面言之，全球有五、六十億人口，縱橫合計，數字異常的大，大約是現有人口的二十倍。我們回頭看看，人類基因犯錯，如上引末句所言，機率是有了，亦即四百五十萬年來，上千億的人口，其突變機率應該甚大（其實甚小）。我們來看看，人類有如此其大的突變機率，有無進化出超乎人類的尼采超人來？沒有！一個也沒有！我們看到的一切變異，全都是病態的，對個體生存不利的。可見無論單細胞生物或結構最複雜的人類，原定基因是經過周密設計，乃是最為優良的基因，是不可增減一字的一部巨著。進化論者固執成見，一見龐大數據，便興奮地產生遐思，全不對覈事實。治學要依憑實據，沒根據的數字捕風捉影，不是治學的態度。

「生物學上最有意義的事實之一，即寒武紀海中某些有原始甲殼與著生的腕足類，自五、六億年前迄至現代，遺傳方面差不多無所變化地存續下來。這些動物提供了一個進化學者視為例外狀態之古典的例證，即所謂絕對安定結果之平衡。」（奧斯本《生命之起源與進化》）

一九九七年清華大學李家維教授和中國科學院南京地質古生物研究所陳均遠教授在貴州瓮安發現前寒武紀的微化石，其海綿化石構造和現今海綿完全相同，時間是五億八千萬年前。

「自從頭一片現代地衣形成以來，它的細胞中有許多遺傳因子已分裂繁殖了億萬次，歷十億年卻沒有可見的變化。」（哈里遜《人類的前途》）

據《中山自然科學大辭典》第七冊《生物學》：「DNA分子所貯藏的遺傳信息具有異常

的穩定性，從所發現的前寒武紀化石中存在的細菌與藻類看來，雖經歷數十億年，其大小、形狀、內部結構以及化學分子，均與今日存在的細菌和藻類極為相似。」

以上都證明達爾文低等生物比高等生物容易變異的講法錯了，並且從此事（穩定）也可看出生物演化，即物種的演進為不可能。如可能的話，依達爾文的講法：「如果變異是有利的，通過最適者生存，原有的類型很快就會被變異了的類型所代替。」（頁一一〇、六行）「自然選擇這個過程，常有使親類型和中間變種絕滅的傾向。」（頁一九三、末行），則原種也會被消滅，上舉這些細菌、藻類、地衣、海綿、原始的甲殼與著生的腕足類，當不見於今日。依此類推，現存物種必然甚少，以人類的成功演化為例，一切猿猴該當全數被淘汰。但事實正相反，故進化論是不能成立的。

達爾文在第十一章說：「有若干理由可以使我們相信，高等生物比低等生物的變化要快得多。」（頁三八八、五行）見解正一百八十度翻轉。如果達爾文的見解改變了，上引的話應該急速刪除，但達爾文似乎忘記了，讓前後互相矛盾的話並存。其實達爾文這裏的話是興來之筆，上引的話貫串他的全書，他要刪也刪不了。這是達爾文這一部贏得十九世紀是達爾文的世紀的所謂偉大著作《物種起源》的真面目。

四四、植物與動物：吃生物的生物

自然選擇只能通過且是為了各個生物的利益，纔能發生作用。（頁一六八、五行）

冠學按：我們已經在前面舉出，象牙、麋角、孔雀尾羽、鮪、鰹、豬甚至人類本身等等的實例，證明本節所引達爾文的話「自然選擇只能通過且是為了各個生物的利益，纔能發生作用」是錯誤的，而且還舉出像加拉巴哥群島的鸕鶿、熱帶鳥和雨燕居然是反選擇，可見達爾文只是滿紙荒唐話，全非有事實。如果達爾文對地球生物如此無知，他便不該著作《物種起源》這部書，如果達爾文對地球生物有深刻的認知，那麼他著作《物種起源》這部書，乃是昧沒良知說話。無論二者中他居那一項，他都沒有資格來著作《物種起源》這樣一部書，前一項因為他無知，後一項因為他無良知。我們再簡單舉一例，自然選擇只為植物自身的利益而進化出植物的呢？還是為了地球上將在植物之後推出諸多動物而先行推出植物的呢？植物的光合作用與生長生殖，是單為了植物自己的利益嗎？這個光合作用對植物的本身利益何在？如果地球上的生物的形成只為了自己的利益而被自然選擇，那麼自然選擇豈非只該停在生物伊始的原始階段而不該再向前進行了嗎？因為在細菌與藻類之後便產生了以細菌和藻類為食料的動物，自此依級疊生。故如要談生物自身的利益，這裏是一道界限。達爾文大概還不知道這個界限上的實情真況，或雖知而不覺。若地球生物界到此而止，亦即不產生吃植物的動物，本節所引達爾文的話便可以是真理了，可是事實並不然。動物界以物種數而論，遠遠超過植物界好多倍，這麼顯眼的事實，達爾文居然能夠視而不見，或雖見而不覺，這是件不可思議的事。其實地球生物界的實情真況，乃是「人人為我，我為人人」，無一生物不為別的生物的利益而生。

四五、達爾文使詐

如果物種是從別的物種點點滴滴逐漸轉變出來的，為什麼我們沒能到處看到無數的過渡類型呢？（頁一八七、倒五行）

冠學按：達爾文的進化論處處存在著不可克服的難點，本節要討論的是其犖犖大難點。如果物種是由別的物種演變而來，比方說蝙蝠，蝙蝠是由什麼物種經由那些物種，逐漸演變而成的呢？達爾文能不能提出事實，列出一個系統來？當然，達爾文提不出事實，列不出系統來。進化論只是他個人的意想而已，並無事實的依據。那麼達爾文在這個問題上，要如何來排解呢？本節我們所引達爾文的話，便是達爾文的排解文字。現在為了明白起見，我們把蝙蝠的演變系列列式如下：

甲→乙→丙→丁→……→蝙蝠

從甲物種要演變成蝙蝠，有無數的過渡類型，這些過渡類型有一共同的特色，便是全部絕滅不見於現代，或者雖見於現代，已難於確認。這裏存在著三個大問題：一個問題是甲是什麼物種；我們連甲都不能知道。第二個問題是無數的過渡物種是那些物種。第三個問題是過渡物種有無現存而不為我們所確知的。但如果徹底推論進化論，甲是可以知道的，這甲有兩類，一類筆者姑名之為大甲，亦即為一切動物的始祖，這個始祖進化論指認是原生動物的阿米巴；二類可相應名為小甲，如進化論指認魚類是雙棲類、爬蟲類、鳥類、哺乳類的直系元祖。在小甲之下則可分出千千萬萬的別甲，如進化論指認鼠狸是馬的本祖，狐猴是人類的本祖。但無論如何指認，卻全無實據，如今進化論的惟一依據是解剖學。但無論何種依據，也都避不開特創論，即造物主的特意創造一說。而本節要討論的是別甲內的過渡類型，即過渡物種。這種別甲內的過渡物種是絕對絕滅不現存的。這是達爾文進化論最切近的致命傷所在，以下我們來看達爾文是如何來排解。

> 如果我們以一個棲息在相當廣大地區內正在變異中的物種為例，那麼我們勢非得將兩個變種分別置於兩個大的地區，而將第三變種置於狹小的中間地帶不可。結果，中間變種由於棲息在狹小的地區內，它的數目就極少。(頁一九一、四行)

冠學按：這裏我們不得不一針見血地刺出，達爾文這小段話所舉的例，跟上面過渡類型毫不相干。這裏所舉的例是三個同代的變種，是橫三。前面所舉的例是三個不同代的物種，是縱三。為明白起見，分別列式如下：

前面所舉：甲→乙→丙

這裏所舉：甲→$乙_1乙_2乙_3$

乙是過渡物種，$乙_2$是中間變種。

讀者你不會覺得奇怪嗎？達爾文在本段內為什麼一定要設定二大夾一小呢？三大夾一小，或二小夾一大，有種種情形可以設定，為什麼一定要做這單一方式的設定呢？筆者這裏先偷偷告訴你，達爾文在暗做偷天換日的勾當。達爾文先是用完全不相干的橫三來冒充縱三，然後想用橫三的中間變種來混矇縱三的過渡物種。

中間類型極容易被兩邊存在著的親緣密切的類型所侵犯。（頁一九一、倒三行）

冠學按：達爾文這裏的意思是指乙$_2$極容易被乙$_1$乙$_3$所侵犯。但中間類型四字正準備向過渡類型四字套過去。

> 總之，我們相信物種終究是界限分明的，不論在任何時期內，不會由於無數變異著的中間連鎖而呈現不可分解的混亂。(頁一九二、倒六行)

冠學按：讀者請留意本引句中的「物種」二字，再看「無數變異著的中間連鎖」十字，你認為「中間連鎖」是指的：

(1)甲→乙→丙　的乙

(2)乙→丙→丁　的丙

或是

(3)甲→乙$_1$乙$_2$乙$_3$　的乙$_2$

(4)
乙
↓
丙$_3$丙$_2$丙$_1$ 的丙$_2$

也就是說讀者你認為達爾文所言的「中間連鎖」，是每一縱三中的二，或每一橫三的某$_2$？他要調包了，小心！

> 若干代表物種和它們的共同祖先之間的中間變種，先前在這個地區的各個孤立地帶以內一定曾經存在過。這些連鎖是在自然選擇過程中被排除而絕滅了，因而如今不見它們的存在。（頁一九三、五行）

冠學按：讀者請再留意，本段「若干代表物種和它們的共同祖先之間的中間變種」這半句話當中的「中間變種」是乙$_2$，而若干代表物種是乙$_1$乙$_3$，而共同祖先是甲，你認為達爾文所傳達的是不是這個意思？抑或是：

甲→乙→丙→丁→……→癸

甲是共同祖先，乙丙丁……是中間「連鎖」（讀者請留意這「連鎖」二字），癸是若干代表物種？達爾文所傳達的是不是這個意思？這裏的關鍵字詞是「連鎖」二字。我們先來考察一下，乙$_2$能不能充當乙$_1$乙$_3$的連鎖？應該沒這個道理，無論乙$_2$或乙$_1$乙$_3$，都只能當丙與甲的中間連鎖，而乙$_2$業已被排除而絕滅了，故它不可能有中間連鎖的實際身份。那麼我們根據實理，不管達爾文所表達的是什麼意思，既然他用了「連鎖」二字，整體橫三可以是中間連鎖，橫三自身間的中間變種絕對不能擔任連鎖這個角色。

> 生存在中間地帶的個體數量總比被它們所連接的變種的個體數量要少。單就這一原因來看，中間變種便難免絕滅。（頁一九三、十一行）

冠學按：讀者你認為達爾文這整句話通嗎？每一代都生了三個變種兄弟，每一代的變種老二都連接起變種老大和變種老三，這話通嗎？而且每一代的變種老二都早夭無後，即使每一代的變種老二都早夭無後，每一代的變種老大和變種老三都各再生了下一橫三的變種三兄弟，那麼連接或中間連鎖，是每一代的變種老二呢？還是老大和老三呢？

> 無數中間變種肯定曾經存在過，而把同群的一切物種密切連接起來。（頁一九三、倒三

行）

冠學按：讀者你覺得怎樣？會不會覺得達爾文越說越不像話了？這裏我們先驚覺的是「變種」「物種」這一先一後的兩個承接詞兒，到底乙$_2$丙$_2$丁$_2$……是密切連接起同是變種的乙$_1$和乙$_3$、丙$_1$和丙$_3$、丁$_1$和丁$_3$……？還是乙$_2$丙$_2$丁$_2$是連接起整體的下一代，即乙$_2$連接起丙$_1$丙$_2$丙$_3$，丙$_2$連接起丁$_1$丁$_2$丁$_3$……？而這整體的全一代，達爾文改給它們「物種」這個稱號了？

> 自然選擇這個過程，常有使親類型和中間變種絕滅的傾向。結果，它們曾經存在過的證據只能見於化石的遺物中，然而化石的保存是極其不完全而間斷的。（頁一九三、末行）

冠學按：按達爾文本節的標題是「論過渡變種的不存在或稀有」，而這裏所引的話是這一節的結語，當然也就是達爾文大功告成，排解掉「如果物種是從別的物種點點滴滴逐漸轉變出來的，為什麼我們沒能到處看到無數的過渡類型呢」這個犖犖大難點了。

現在我們來檢查「自然選擇這個過程，常有使親類型和中間變種絕滅的傾向」這句話。

中間變種，這是達爾文所界定三變種中數量最少而且介乎二大之間（他這個界定與設定便很奇怪，恕筆者不客氣，這又是童話格式。達爾文永遠擺脫不掉他的童話格式，事實上每一代必然會有三種變種嗎？有這種必然性嗎？而且是一小介乎二大之間），如此它當然要絕滅。至於親類型，也就是遺傳了原種的原型的第二代，即乙$_1$乙$_2$乙$_3$這三個變種的親兄弟，這個親兄弟，保留了甲的原型原種，它依然是甲，達爾文說這個嫡傳第二代的甲，會像乙$_2$一樣被它的兄弟乙$_1$乙$_3$所滅。恕筆者不敏，不能明白達爾文是根據什麼道理能做這樣的斷言，讀者旁觀者清，或許能參透其中的玄機？為什麼筆者會無法明白達爾文的斷言呢？有太多化石，數十億年至幾千萬年其親類型至今現存無絲毫改變，也未曾絕滅；法國、西班牙境內克羅馬儂人留下的洞窟獸類的畫，其物種依然現在，也未有絲毫改變；古希臘的人像大理石雕和今人無異。這些證據只證明了親類型的永遠存在，變種只是達爾文的空想，實際並不存在。且引美國負盛名的古生物學家 G. G. Simpson 的話來結束本節的討論：「化石之所以找不到中間型，乃是因為它們根本不曾存在過。這些變化的發生不是漸進的，而是藉突然躍進的方式進化。」（見其所著《進化之意義》一書）

達爾文這樣一塌糊塗地胡亂使詐，筆者覺得非常遺憾，以至於痛心。

四六、眼睛

說是眼睛可能由自然選擇而形成，我坦白承認，這種說法似乎是荒謬之至。相信完善而複雜的眼睛能夠由自然選擇而形成的難點，想像起來似乎是難以克服，其實還不至於顛覆我的學說。某些最低級生物，體內找不到神經，卻能感光。依此，牠們的原生質裏若有某些感覺元素聚集發展為具有這種特殊感覺性的神經，似乎是並非不可能。

(頁二〇一、二行)

冠學按：人世間的器具，無一不是精心的設計，像眼睛這樣不是人類智能造得出來的優異器官，說是由無知無識無意無志的物質自己造出來，任何人都會覺得這種說法未免太過荒謬。但達爾文不止主張眼睛是物質自己湊合而成，腦也是，整個人體都是，一切生物全是。其實不說是整個人體，只說一隻蜜蜂，一隻蒼蠅，那優異絕倫的飛行體，能夠由物質自己盲目湊合而成嗎？最優秀的人類天才連想像要造一隻蜜蜂或蒼蠅都還無法想像，說是物質有這種能力，那麼物質豈不就是神了嗎？達爾文寫給朋友的信上說：「每一次只要想到眼睛，便會全身發冷。」只要達爾文存心要主張生物是由物質自然湊合出來，豈止想到眼睛會讓他全身發冷，上舉腦、蜜蜂、蒼蠅乃至螞蟻、螞蟻的腳、蚊子、蚊子的嘴管，只要他的心沒有麻木麻痺，可以說，只要動念在他的所謂自然進化的主張上，他便會整天整夜，連在夢中，都會全身發冷。但達爾文在上引給他的朋友的信上的下一句說：「幸好，我已過了那個階段了。」達爾文似乎把眼睛由物質自造的困難解決掉了。我們在本引文中，便看到這個端倪：「某些最低級生物，體內找不到神經，卻能感光。依此，牠們的原生質裏若有某些感覺元素聚集發展為具有這種特殊感覺性的神經，似乎是並非不可能。」按最低級生物，如單細胞藻類都能感光營光合作用；眼蟲這個單細胞生物，從它的名字更可明白看到它的特質，因為這個單細胞生物有個眼點，以感光營光合作用，因而出名。但這些都不是眼睛，跟眼睛扯不上關係，達爾文是狗急跳牆，病革亂投醫，胡亂比附。如果這種光合作用能夠產生眼睛，植物應該先產生眼睛了。向日葵的花跟著太陽轉，向日葵的花絕對不是眼睛，跟眼睛扯不上任何關係。植物全株都有向光性，植物絕對不是千眼生物。感光是一回事，視覺是另一回事。任何生物的任何細胞都有感光性，或說得更明白，都有感熱性，感光與視覺二者不能混為一談，達爾文既依據信仰立論，而又無限制無節制胡亂推論，終至張冠李戴，任意牽合，他的《物種起源》便於焉成為一部烏七雜八的歪理的總匯，很可怕地誤己誤世，實在不知道要怎樣去處置它好？

據喬丹（M. Jourdain）的描述，在某些星魚（海盤車）裏，圍繞神經的色素層有個小凹陷，裏面充滿著透明的膠質，表面凸起，類似高等動物的角膜。喬丹認為這不是用來反映物像，僅僅是為了集中光線，使感覺更容易獲得罷了。從這種集中光線的情形，我們看到了形成真正的、能夠反映物像的眼睛的發軔。（頁二〇二、四行）

冠學按：海盤車又名海星又名星魚，牠的管足末端有個眼點，因為沒有視神經，當然不是視覺器官，喬丹認為不是用來反映物像，僅僅是為了集中光線，使感覺更容易獲得，也就是使感光性增加而已。但達爾文認為這是眼睛的雛形，可以辨別明暗：「上述這種簡單性質的眼睛，不能真切看見東西，只能夠用來辨別明暗。」（同頁、六行）達爾文又是無節制地加以擴大推論，將這些眼點一個轉換變成了眼睛，其實它只是一個感熱器而已。按海盤車手臂末端的眼點，據說是紅光（其實是紅外線）感覺器官，亦即是感熱器官，但感覺遲鈍。海盤車大體上是依賴嗅覺，但嗅覺也不十分靈敏，味覺也不怎樣好。海盤車是棘皮動物，屬於水族中的無脊椎類，跟水族中的有脊椎類的魚類，是兩個互不相涉的異系統。我們不曉得達爾文舉出海盤車的感熱器眼點，究竟是要連結上什麼線索來證明什麼樣的眼睛的級進事實。顯然海盤車的感熱器眼點，跟有脊椎魚類的完美眼睛連結不上，也跟陸上的無脊椎蟲類連結不上，更是跟陸上的爬蟲、兩棲、鳥、哺乳諸類連結不上。我們只能說這是魔術戲法魔術伎倆。

> 關於昆蟲，現在已知巨大的複眼其角膜上有無數小眼，形成真正的水晶體，而且這種圓錐體包含有奇妙變異的神經纖維。（頁二〇二、末行）
>
> 如果我們記得一切現存類型的數量比起已經絕滅類型的數量一定少得多，那麼便不難相信，自然選擇能夠把被色素層包圍著的和被透明的膜遮蓋著的一條視神經的簡單裝置，改變為關節動物的任何成員所具有的那樣完善的視覺器官。（頁二〇三、五行）

冠學按：達爾文關於昆蟲的複眼便這樣草草意想過去，無任何實證，不做任何交代，一切全在信仰中。我們在最後一小節有詳論，這裏不贅言。

在動物界佔最高等地位的脊椎動物，其眼睛我們可由文昌魚（蛞蝓魚）那樣簡單的眼

睛為起點，文昌魚的眼睛只由透明皮膜的小囊所構成，上面著生神經並圍以色素，此外並無其他裝置。（頁二〇四、一行）

冠學按：蛞蝓魚，顧名思義，牠像蛞蝓，又被當做魚。此物體長五公分。體內特徵：無腦，無脊髓，無脊椎骨，有脊索，血液白色，自動循環於體內，無心臟；體外特徵：身體兩端尖削，沒有可與軀幹劃分的頭部，沒有雙眼，有一個眼點，沒有鼻，有一條嗅溝，沒有耳，也沒有上下頷，皮膚無色素，半透明，可見到體內的肌肉。運動活潑，善游泳，潛伏於熱帶和溫帶淺海沙中，乃是鑽挖洞穴的動物。從解剖學上要認定此物是魚十分困難，因此要將牠排在魚類的起點，一切脊椎動物的起點，一個無成見的學者是很不敢想像的，但達爾文是意想家，由他想像起來則頗為輕鬆愉快，我們實在不敢苟同。

在魚類和爬蟲類，如歐文所說：「折光構造的級進範圍是很大的。」依微爾和(Virchow)的卓見，甚至人類所擁有的美妙水晶體，在胚胎期也是由袋狀皮褶中的表皮細胞聚積而形成，而玻璃體是由胚胎皮下組織所形成，此一事實有重要的意義。（頁二〇四、三行）

冠學按：同是昆蟲，其飛行器的翅膀構造便有各式各樣，而不是一式雷同的。魚類和爬蟲類眼睛的折光構造的分歧，是當然之事。老天能夠讓鱷魚、蛇和犀牛的眼睛好到視遠如視近嗎？既然是自然進化，由自然選擇依對該生物個體有利的方向來形成其體制及性狀，鱷魚、蛇和犀牛，為什麼會停滯在嚴重近視的階段，而不進化到視遠如視近的最有利地步呢？為什麼魚類、爬蟲類甚至哺乳類「折光構造的級進範圍」如此其大，而沒能一概達於對個體最有利的上限呢？如果生物是出自自然進化，這種初級的或中級的停滯是既不可能也不合道理的。至於人類的眼睛在胚胎期是怎樣的狀況，這也沒有什麼好奇怪的。一個肉眼看不見的受精卵，有幾樣體制，不是由卵膜處分造出來的？這樣的事，只足令有頭有腦的人類驚歎，驚歎神聖的神智神力神手的偉大，也只有沒頭沒腦者，纔會無知無覺，且纔會發為沒道理的蠢思呆想而自以為是，而認為有什麼物質自造的重要意義。

> 在生物體中，變異會引起輕微的改變，生殖作用會使這些改變幾乎無限地增加，自然選擇會以準確無誤的熟練技巧將每一次的改進挑選出來。讓這種過程進行幾百萬年，每年作用於幾百萬個諸多種類的個體，這種活的光學儀器會造得比玻璃製品更好，正如「造物主」的製作比人類的製作更好一樣，難道我們不能相信這一點嗎？（頁二〇

冠學按：本段文字的關鍵文句在於「生殖作用會使這些改變幾乎無限地增加」。達爾文對遺傳因子基因沒有任何概念，即一無所知，他不知道生物體制的改變須有基因的改變這回事。若基因不改變，自然選擇便無法施其技，即發揮不了作用。基因的改變，且向一定方向的改變，累積至體制上某部分（本段是指眼睛）達於完善完美，當然便有了一個完善完美的器官。但問題是，基因不是有知覺，而生活的一切刺激反應又進入不了基因，基因怎有可能改變呢？基因有個特性，便是頑固地準確地複製自己，那麼有什麼理由使基因來改變其自己呢？據現今的生物化學智識，有幾種情形會干擾基因發生病變，紫外線、宇宙輻射線、化學藥品等皆可導致這種狀況，但至今我們所知多細胞生物受干擾的基因之改變都是病變，沒有一件是健康正面有利的。達爾文因昧於對基因的認識，遂產生近似幻覺一般的無限意想，把不可能的事想像成百分之百的可能，因而寫出上述的話來。

按任何生物的任何器官都是設計，不是物質盲目自動拼湊得出來的。提到眼睛，不提別的，只提眼球中的似純水，不斷進進出出流動著的似純水，不是這不帶任何雜質的似純水，透光便有障礙，而這似純水卻是從動脈血流中淨化出來的。啊，不可思議到了極點的設計！

生物是由物質盲目自動拼湊而成，這種說法或想法，是道道地地的信仰，不是科學。

> 倘使能證明有任何複雜器官不是經過無數的、連續的、輕微的變異而形成，那麼我的學說便要完全破產。（頁二〇五、六行）

冠學按：我們不知道達爾文是怎麼知道並怎樣證明了「無數的」「連續的」「輕微的」變異曾經連手實現過，他自己無法證明，僅出於意想，一種不著邊際的意想，卻要別人來做反證明，我們不知道這是什麼邏輯？達爾文意想由無數連續發生的輕微變異能造成一切生物的體制及其體制上的任一部分。二十世紀的進化論者，因為知道基因的性能，已不敢這樣主張，他們全都改口，說是突變，一整次的大改變，而否定微變，徹認微變要成就一個完善器官或完美生物是不可能的。達爾文將他從各種報告文字中收集得來不同綱甚至不同門的生物感光器當點，列成一條跳躍的線，便自以為一切眼睛都是經過「無數的」「連續的」「輕微的」變異逐漸累積而成，這實在有如兒童隨意的點線畫。達爾文以為無人能做反證明，如能做出反證明，他的學說便要破產。我們在前面引過 Simpson 的話，Simpson 說：「化石之所以找不到中間型，乃是因為它們根本不曾存在過。這些變化的發生不是漸進的而是藉突然躍進的方式進化。」

這是一個有根有據的反證，達爾文的學說從未成立過，連破產的資格都還談不上。

按一個完整的器官，適用於這個生物的使用，它是一下子便成就成那個樣子，那樣的結構的。不搭配的一件件添加，對該生物的使用全無實際無意義而且也不可能。此事跟達爾文的生物進化缺乏中間物種的事實同是達爾文學說的致命所在。以眼睛為例，須得能列出每一部分結構的中間物種來，達爾文纔能確保他的學說不破產。但達爾文只能意想，沒有實證，他的學說自始便未成立過，那來破產？達爾文的微變漸進說，現在已被截斷式平衡說所唾棄且取代。二十世紀下半紀以來，再沒有一個生物學家能夠認定達爾文的這種缺乏事實違背事實的意想。Villee 在他的《生物學》教本第四十七章說：「一個生物只有在或多或少完全發育之時纔使用主要的調適過程，雖然不一定是在完全成熟的時候。脊椎動物、頭足軟體動物和有些多毛環節蟲類的透鏡式眼睛即為例子。眼睛的透鏡和網膜必須同時存在纔能使用。很難再建造一系列的過程，於其中，每一過程都是可以調適的，而藉此過程，一個眼睛可能會由之生成，或者，依據那一系列過程的提示，顯示那確是實際發生的方式。」達爾文學說的破產，Villee 的這一段文字是最明白有力的宣判。Villee 又說：「一項真實的主要變化，當其只有部分完成之時，也許確會影響某一生物，使其不適於先祖所居的境遇，而又不會使該一生物適於其後代生物將會利用的境遇。如果主要的變化確是吾人想像的那樣，在調適方面含混不明，那麼，它就應該是快速的發生，否則，它會像奧維德 (Ovid)《變形記》中的半成體怪物一樣，迅速消逝，別無爭論。」達爾文早已完全失敗，不為當今生物學家所認同。

二十世紀大物理學家薛丁格 (Erwin Schrödinger) 在他的《生命是什麼？》(*What is Life?*) 一書第三章中說：「達爾文認為就連最均質的集團之中也必定會出現的微細的、連續的、偶然的變異，自然選擇在那上面行使其作用。他這個想法，在現在已確知是錯誤的了。」薛氏跟著引用 Hugo de Vries 的純種大麥穗芒栽種實驗，證明微變根本不能遺傳。按 de Vries 是突變說的創始人。薛氏肯定 de Vries 的實驗與主張說：「突然變異是百分之百可遺傳的。突然變異乃是遺傳基因分子發生了量子飛躍。」

> 有人曾經反對說，為了要使眼睛發生變化，並且做為一種完善的器官被保存下來，就必須有許多變化同時發生，而據推想，這是不能通過自然選擇而做到的。(頁二〇三、十一行)

冠學按：據上引 Villee 和薛丁格的宣判，達爾文既然宣稱他的自然選擇無法通過許多變化同時發生的事，那麼他的自然選擇一說，是一個不合事實的讕言譫說，還能用它來支撐他的《物種起源》一書的大廈而不傾倒嗎？自然選擇既已不能成立，《物種起源》的物質自造推論，當然只是一個失敗的臆論而已。

奧斯本(H. F. Osborn)，二十世紀初美國負盛名的古生物學家，他說：「老早我就主張這種意見，是一個生物學的獨斷；它是一根假設線，達爾文用以懸掛其適應（自然選擇）與物種之起源的假設。這一假設因繼續的反覆而得人信任，但它曾由任何進化系列之現實的觀察所證明嗎？我卻一點也不知道。」（見其所著《生命之起源與進化》緒論）又說：「生物學亦如神學，仍有其獨斷。領導者有其弟子及盲目的信徒。達爾文的自然選擇說，也成了一個支持半真理及純粹獨斷的動力。」（見同書同編註十）

現在我們來總結本節有關眼睛的討論。Simpson 一生致力古生物學的研究，所得結論如上引：「這些變化的發生不是漸進的而是藉突然躍進的進化。」據今所知，最早有眼睛的動物是三葉蟲。三葉蟲出現於古生代，也消失於古生代，而三葉蟲的眼睛是複眼。如果生物是由自然進化而來，單眼的出現應該先於複眼，那麼最初的真正單眼在那裏？達爾文當然會說化石不完全，而 Simpson 則以化石權威學者否定達爾文這個說法。又據今所知最早有眼睛的昆蟲是蜻蜓，而蜻蜓的眼睛也是複眼，那麼最初的單眼昆蟲在那裏？烏賊和章魚眼睛優於人眼，而烏賊和章魚這類頓體頭足生物，跟魚類除了同是動物之外，沒有任何體制關係，即沒有一絲一毫進化關連，視為異星球的生物更為明白。那麼烏賊、章魚的眼睛是怎樣來的？而有脊椎魚類本身的眼睛又是怎樣來的？依據 Simpson 所得結論，這非常明白，乃是突然產生的，不止眼睛是突然產生的，一切生物一切物種都是突然產生的，既然是突然產生的，便沒有所謂進化，而 Simpson 卻仍說是「進化」「突然躍進的進化」，這不是強詞奪理嗎？要說是進化，一定要是漸進纔合理，這是達爾文堅持主張漸進的理由。達爾文斷言非漸進不能通過自然選擇也是為的這個理由。不論如何，達爾文的物種起源說連帶著自然選擇和漸進說，因為未曾獲得事實的支持而完全瓦解，可是 Simpson 卻頑強地依舊信仰業已在他的手中瓦解掉了的達爾文，這是為什麼呢？關於這一點，筆者非常同情 Simpson，他是被迫（其實多數自然進化論信仰者全都是被迫）不得不去信仰達爾文。讀者試想一想，西方人被政治專制統治還不夠，又加上宗教專制統治，這如何活得下去？但政治的專制統治已為民主體制所推翻，剩下來宗教的專制統治有擺脫機會時還能容許它繼續專制統治下去嗎？西方宗教教義，有個極嚴重的錯誤，便是為了頌揚造物主而相對過分壓抑人的地位，如原罪這種說法便是對人類所加的一個莫須有罪名，這等於認定人是天生的罪犯，豈有此理！試想想老天造設世界，青天白日，鳥語花香，何等優寵人類，人是天生的罪犯嗎？如果人是天生的罪犯，老天還會這樣優寵人類嗎？要不是人類是祂最寵愛的少子（萬物都是祂的子女），祂這一切的造設有何意義？西方教義確是犯了一個極嚴重的錯誤。在人類思想家中，真正能面面俱到，有透徹認識的，只有孔子一人。孔子教人好好兒盡做人的本分，既然老天造設了這麼一個美好的世界，優寵人為萬物之靈，人既然降生在這個世界，不及時好好兒地做人，豈不辜負了老天的寵愛嗎？豈不誤了降生在這個世界的際會了嗎？故人要在有生之年好好兒做人，去充分地體現人這個賦性賦形與存在，試問要好好兒去體現人這個存在還感到時不吾予，力有未逮，卻還有時間有心思有餘力去旁務嗎？故樊遲問孔子死的問題，孔子告訴他：「未知生，焉知死？」人對「生」的問題都還把握不住，能侈言「死」後的事嗎？如果死的問題死後的問題是可以談的，上帝的問題是可以談的，孔子早便提出來談了。問題是生是一個大問題，生且考究未盡，何暇去考究死？人有生之年尚且來不及充分體現人這個存在，空談死的問題，靈魂不滅、永生、上帝的問題，豈非本末倒置了嗎？這個問題，不止不能談，而且是不宜談，一旦談下去，西方宗教的困躓，是孔子老早便看到的一個結局，故孔子教人「務民（人）義，敬鬼神（多神教的鬼神）而遠之」。孔子一再讚歎「天」，「天何言哉？四時行焉，萬物生焉」，「天生德於予（余）」，「天之未喪斯文也」，「天喪予（余）」，「獲罪於天，無所禱也」。在孔子心中，造物主、天或上帝，那是真切存在的，要不是有天這個體認，孔子會彷徨失措。十九世紀中葉有個英國人W. A. Pickering 在臺灣住了近十年，回國後著作了一部 *Pioneering in Formosa*，他識得漢字，讀過《四書》，盛讚孔子這位東方的聖人，但惋惜孔子未曾信仰活的上帝。這是對孔子的誤解。西方人在這一點上，都不大能體認孔子。現在抄錄 Simpson 的一段話，讀者當能由此看到達爾文所以能風雲際會，乘著反宗教的大浪潮，崛起於十九世紀的思想界，受到西方智識分子普遍的擁戴而誤盡了這些智識分子的事實。Simpson 說：「人有宇宙間最獨特的生命，他具有無限的智慧和潛力，這些都是一連串無智識、無目的、無意義的物質進化的產品，這些並不是造物者的恩惠，而是人自己的成就，因此，人只需對自己負責，他是自己的主宰，不是什麼不可知又不可測的神奇能力的創造物。人能夠，也必須自己決定並控制他的前途和將來。」（見其所著 *Life of the Past*，韓偉院長譯文）這是西方智識分子對宗教的反撲，在東方，因為沒有宗教，傳統的儒家智識分子要體認造物主或上帝的存在，非常自然，一點兒也沒有困難。建議西方宗教界不妨參酌孔子儒學下現代東方智識分子的信仰情況，他山之石可以攻錯，應該有所補纔是。孟子說：「為淵敺魚者，獺也；為叢敺爵（雀）者，鸇也。」如果西方宗教為了教義，將現代智識分子悉數敺入無神論，豈非成了上帝的罪人。西方宗教確已到了須徹底改革的時候了。

四七、種子散布的裝備

種子有由於生得細小來散布的；有由於蒴變成輕的氣球狀被膜來散布的；有由於埋藏在由種種不同的部分而形成的、含有養分以及具有鮮美色澤的果肉內，以吸引鳥類來散布的；有由於生著各式各樣的鈎或小錨或鋸齒狀的芒，以便附著於走獸的皮毛來散布的；有由於生著各種形狀既異構造又相殊的翅和毛，隨風飛揚來散布的。(頁二一四、一行)

每一物種的每一部分構造，無論它是為著什麼目的服務，都是許多遺傳變異的綜合物，是這個物種從習性和生活條件的改變中連續適應得來的。(頁二一六、十行)

冠學按：上引種子散布方式的描寫，實際上對達爾文的學說是一記致命的打擊。無論從常識上看，從學理上看，這些種子的散布乃是出自一番高智識高技能的設計與製作，非有對地表上無生物與有生物有真切理解，便無從做這樣的設計與製作，單憑隨機瞎碰，經由自然選擇，達不到這種結果。機率存在於一定範圍內，無範圍的機率，即無限的機率，在數理上是不存在的，在現實上更是不存在。蒲公英的種子頂端附有降落傘設備，這有雙重實際在：一、必須有空氣浮力的先知，即物質在重力作用下，要有什麼樣的體積比重纔能浮懸於空氣中，非有這樣的比重計算，則不可能浮懸在空中；二、必須有對空氣因熱力流動成風的先知，非有這一個條件，種子雖即能浮懸在空氣中，還是散布不出去。至於果肉與顏色的設計與製作，必須要有鳥類存在及鳥類食性的先知。而種子帶鈎帶刺的設計與製作，則必須要有走獸存在及走獸體表有皮毛的先知。植物本身，尤其是它的基因，沒有這種先知是可以確定的，它至多只能瞎碰（我們應該記得基因有頑強複製自己不肯改變的本性），但機率不是無限的，這些情事，究是在機率內呢？在機率外呢？這是問題之所在。有人說，讓一隻猴子瞎打打字機，打上億兆次，總有一天會打出一字不差的《莎士比亞全集》來，這是機率神話或童話。迄今為止，我們不曾看到植物基因產生出一塊蛋糕來，如果機率像達爾文意想中那麼廣泛的話，蛋糕果應該在自然界中出現過。在程式上，機率自略小於一起，可至於無窮小。故機率越往後越遠離實理而越接近信仰。到最後，已不再是實理而是信仰。達爾文的這一套學說由於設置在無窮遠（小）的機率上，終至脫離了數理事實，成為不折不扣的信仰，即成為進化神話或童話。人一旦落入信仰，便不可理喻了。一個多麼淺顯，出自造物主的設計與製作的事實，由於歪曲的心理，居然被推入那樣渺茫的機率中——一個在實際數理上不存在的機率中。說句實話，也是感慨的話，依據達爾文的信仰，人類應該膜拜昆蟲和鳥類，人類看見蟲鳥飛，也想飛，卻只能靠飛機來飛行，一種笨拙的飛行工具。人類無法像鳥類像昆蟲自生翅膀（這是很奇怪的一件事，瞎碰和自然選擇居然與人類的願望相違，未給人類生出翅膀），以免墜機喪命。如果瞎碰和自然選擇真是生物的生產者，不說一切動物都應該兼具鰓和肺、四肢和雙翅，至少也應該有那麼一種動物是這樣的水、陸、空萬能的生物，然而事實是沒有，可見生物並不是瞎碰所產生經由自然選擇汰選的結果。達爾文這套學說，實則只是一套無限機率投機論，可以說是一套異常狡猾的無理論。

四八、花朵的巧計

克魯格博士 (Dr. Crüger) 最近描述的盔蘭屬那樣驚人的適應例子，這種蘭科植物的唇瓣，即它的下唇的一部分凹成一個大水桶形，有兩個角狀體在它的上方，不斷地分泌差不多是純水滴落桶內，水瀦到一半時，便從一側的水管口溢出。唇瓣的基部正在水桶的上方，也凹成一個腔室，兩側有出入口。在這個腔室中有一條奇妙的肉質稜。即使是最有頭腦的人，要不是親眼看到那兒發生的事，根本無法想像出這個部分會有什麼用處。可是克魯格博士卻看到大土蜂群來造訪這種蘭科的巨大花朵，不吸花蜜，卻去啃水桶頂部的肉質稜，由於互相推擠，以致跌落水桶中，因而濡溼了翅膀，飛不起來，於是不得不順著水管溢出口的通路爬出去。克魯格博士看見了土蜂非自願洗浴後魚貫而出的行列。通路狹隘，上面還蓋著雌雄蕊的柱頭屋頂，土蜂爬出時，背面先抹到雌蕊的膠黏柱頭，隨後又抹到雄蕊的花粉粒黏腺。這樣，土蜂爬出新近開的花的通路時，便把花粉粒黏在背上帶了出去。克魯格博士寄給我這樣的一朵浸過酒精的花，連著事先殺死在裏面的一隻土蜂，花粉粒還黏在牠的背上。一隻這樣經歷過的蜂飛到另一朵花或再回到同一朵花，被擠落水桶中，再爬出那條通路時，花粉粒必定會卡在雌蕊的膠黏柱頭上，那朵花便受精了。這裏我們看到花的各部分的充分用處，分泌水的角狀體的用處在於防止蜂飛出，半桶水的用處在於強迫蜂由水管的通路爬出，設在適當位置的膠黏花粉粒和膠黏的柱頭用處在於叫蜂抹過。(頁二一四、倒三行)

冠學按：達爾文一直熱心地抄錄這一類報告文字，用意是在炫耀他的瞎碰和自然選擇的神妙。但是讀過這一則描寫後，你的感想是自然瞎碰形成了這樣一朵巧計的花朵呢？或是這樣的花朵乃是出自有意志有智識的有心創造呢？這裏交由讀者去判定罷！

四九、失望

> 雖然在許多情形裏，甚至要猜測某器官是經過什麼樣的過渡形式而達到今日的狀態，也是極其困難的；但是考慮到現存的和已知的類型，與絕滅的和未知的類型相比，前者的數量是如此之小，讓我感到驚異的，倒是很難舉出一個器官不是經過過渡階段而形成的。（頁二一六、倒六行）

冠學按：我們抄錄這一小段達爾文的話，主要是要讓讀者看看達爾文的思路或理路的樣態。

在上半句達爾文剛剛寫道：「要猜測某器官是經過什麼樣的過渡形式而達到今日的狀態，也是極其困難的。」緊接著在下半句達爾文便又寫道：「倒是很難舉出一個器官不是經過過渡階段而形成的。」虧得達爾文能在同一句子裏，寫出前後矛盾的話來。除了盲目的崇拜者，一個沒有成見的讀者，愈讀達爾文的書便會愈對他感到失望。

五十、達爾文蔽於成見，形成心智障礙

正如自然史裏那句古老而有些誇張的格言：「自然界裏沒有飛躍。」（頁二一六、倒三）

如依據特創論，為什麼從這一構造到另一構造，「自然界」不採取突然的飛躍呢？（頁二一七、一行）

自然選擇只能利用細微的、連續的變異而發生作用；從來不採取巨大而突然的飛躍。（頁二一七、五行）

冠學按：可惜達爾文早已作古，不及看到我們在前面所引 Simpson, Villee, Young, Schrödinger, Perrier 的話。

Simpson 說：「化石記錄顯示，幾乎所有各類的生物均係突然出現。」

Villee 說：「重大轉變的發生，是突然的，並非是對自然選擇的反應。」

Young 說：「有證據足以證明，演化是以突然躍進的方式進行的。」

Schröddinger 說：「達爾文認為細微的、連續的、偶然的變異，自然選擇在其上行使作用，在現在已確知是錯誤的了。」

Perrier 說：「新特徵發現時，我們簡直無從委以理由。」

無論器官或物種，都是突然出現的，任何人都看到了，而現代學者專家更是指證歷歷，獨達爾文全然未看到，且看到了反面。他寫道：「如果依據特創論，那麼，為什麼變異那麼多，而真正新奇的東西卻這樣少呢？許多獨立生物既然是分別創造以適合於自然界的一定位置，為什麼它們的一切部分和器官，卻這樣普遍被逐漸分級的諸步驟連接在一起呢？」（頁二一七、一行）讀了達爾文這些話，令人驚訝。生物無一物無一器官不新奇，他居然說新奇的東西如此其少；物種的一切部分及器官都是突然躍進而成，他居然說普遍被逐漸分級的諸步驟連接在一起。達爾文心眼早已瞎，他只剩一雙幻眼，因此他看不見真實，只看見幻象。他自己也承認「如果物種是從別的物種點點滴滴逐漸轉變出來的，為什麼我們沒能到處看到無數的過渡類型呢」（頁一八七、倒五行），又承認「雖然在許多情形裏，甚至要猜測某器官是經過什麼樣的過渡形式而達到今日的狀態，也是極其困難的」（頁二一六、倒六行），卻又說「為什麼它們的一切部分和器官，卻這樣普遍被逐漸分級的諸步驟連接在一起呢」。如果筆者說達爾文的心智有問題，讀者必不至認為言過其實罷！

五一、目的

從非洲和南美洲的生棘物種的分布看來，有理由相信這些鈎本來是用作防禦草食獸的。

(頁二一九、七行)

冠學按：從達爾文「有理由相信這些鈎本來是用作防禦草食獸的」的語氣，我們在前面討論種子散布設備時不便明指的事實，可以在這裏一併提出來明白討論。依據隨機瞎碰，不可能有「本來是用作」的目的意念，這種意念須得假定有個有意識的存在者的存在。植物不可能有製造對付草食獸工具的意識和由此意識而發出的自生能力，人類有意識而不能發出肢體器官自生能力，乃是一個鐵一般的顯例。夜路走多了，有一天總會遇見鬼。達爾文話說多了，終於露出狐狸尾巴。菊科植物有一大部分的種子（如蒲公英）全有降落傘設備，禾本科也多的是，就連藤本植物，我名為惡藤的蔓澤蘭（Mikania cordate，菊科），它的種子也是降落傘設備。現在我們可以依據達爾文「本來用作……」來明說，這類降落傘設備「本來是用作散布種子」而設的，不是瞎碰碰出來的；果肉、鈎、刺也是。植物本身無認知能力，也無製作能力，很明白，這乃是出於在植物與鳥獸之外的一個第三者，即造物主，在基因上的設計。陳長安先生在他和蘇清正先生合譯的 Lehninger 的《生物化學》教本的序詩上寫道：「上帝——偉大的遺傳工程師。」正是這位偉大的工程師設計了形形色色神奇的生物，這不是瞎碰和自然選擇有可能達到的成果。只要有一絲絲「用作」的概念，便不是瞎碰了。瞎碰是全然沒有目的的，如玫瑰多刺，而美花植物絕大多數都無刺，即使玫瑰多刺是瞎碰出來的，依據多種花草無刺，可以斷定玫瑰的刺必然不會被自然選擇汰選出來。故即使達爾文乞援於他的自然選擇，他的瞎碰之說還是不能成立。禾本科的草是草食獸最普遍的食料，其本株全都無刺，它的芒是為了幫助草食獸便於捲食而設。故自然選擇沒有理由只做極少數幾種的汰選，如真的要有刺，那麼一切草食獸愛吃的植物都應該瞎碰出刺而被自然選擇汰選出來，而事實並非如此。而且自然選擇也無法不存留種子無降落傘設備的原蒲公英，無法不存留無刺的原玫瑰，無法不存留無果肉的、在現在是果樹而原本不是果樹的桃樹、李樹、蘋果樹等原樹種。這些原樹種可以小種子由降落傘或大種子由單葉螺旋槳、雙葉螺旋槳來散布。自然選擇無法消滅這些原樹種。而無果肉的原樹更有利於集中養分生出更多種子以有利於存續。於此，我們明白地看到，達爾文的無限機率投機論的瞎碰和自然選擇根本不能成立。而且也由此看出，明白地看出，生物是出自一位偉大心靈的設計與創造，故纔能避免體制不整、種類重複而合目的性。

五二、美是什麼？為誰設？

最近有些博物學者反對生物各個部分的構造是為了所有者的利益而產生的功利說。這些博物學者相信，多數構造是為了美，為人類或造物主（這造物主已逸出科學論題外）的賞心，或是單為了變化花樣而被創造出來的。這種理論如果屬實，那麼我的學說便完全沒有立足餘地了。（頁二二〇、末行）

關於生物是為了讓人賞心纔被創造得美觀的這種信念，曾經被宣告可以顛覆我的全部學說。（頁二二二、四行）

冠學按：因為達爾文所主張的自然選擇，一定要跟生存有關，而美是超乎生存的造設，與生存毫無正面關係，且有負面關係，如臺灣歷年出口千萬隻蝴蝶標本就是由於蝴蝶的美。故美為欣賞者人類與造物主設這一說如果屬實，達爾文只好偃旗息鼓，自認學說不能成立。

這裏我們來略談一談蝴蝶。就生存而言，蝴蝶的華彩毫無必要，但一想起欣賞者人類的存在，蝴蝶的華彩和花的華彩，是一種為欣賞者搭配的設計，便非常明白了。鳥的形體之美，尤其牠的歌聲，在生存上也是毫無必要的，獸類的形體當然也被設計得那樣美，可是在聲音方面幾乎是喑啞者，鳥若也是近乎喑啞者，或更有利於生存，可免於招引有耳的天敵。草木的葉色、葉形和花，都合於人類的審美觀，這對它們的生存也毫無好處；美花被摘，更是斷送了結種子的機會，這是違反以生存為唯一原則的自然選擇的。生物的美，有欣賞者，為欣賞者，是至為確實的事，用不到詳加舉證討論。

> 我可以首先指出，美的感覺顯然是決定於心理的性質，而跟被鑑賞物的任何真實性質無關，並且審美的觀念不是天生的或不能改變的。例如，我們看到不同種族的男人對女人的審美標準便完全不同。(頁二二二、五行)

冠學按：達爾文緊接著前文，寫下這一小段話。按這已涉及美學的專門智識。美學這門學問，直到現在學者間還有不少人弄不清真諦，達爾文當然更弄不清，因為他並不是超乎他的時代的美學家。我這裏簡單地反駁達爾文的反駁。僅是男人對女人的觀點，野蠻人和文明人便有很大的歧見，文明人之間歧見也很大。一個人對美如沒有明確的認識，這個問題會一團紛亂。

其實美很明確可劃分為兩個範疇，美有兩類，一為普遍美，一為功利美。直線、拋物線、圓弧、波紋、黃金段這些種類的線條，屬於普遍美，無論野蠻人、文明人，皆能同一發生美感，這些線條美是繪畫美（平面的）、物體美（立體的）的基礎，萬人同一，故我們名它為普遍美。再次，各種色彩的美也是普遍美，文野同一，絕無例外（除了色盲），這也是繪畫美、物體美的基礎。其次我們要談功利美。在線條、色彩美之中，藝術家往往注入他個人的功利美，以成功其畫面、雕塑與建築。因為功利美是以功利為基礎，故未必萬人同一，這是藝術作品或不能起共鳴的部分。以男人對女人的觀點為例，《詩經》中所歌頌的美人，詩人稱之為碩人，碩人便是指高頭大馬大塊頭的女人，這樣的大塊頭女人在我們這個時代要獲得共賞恐怕很難。但舊農業社會，要娶兒媳婦，首要條件便是「碩」，可知《詩經》對女人的鑑賞是一種農業社會的功利觀念掛帥下的審美觀。故功利美，未必能普遍，但人的功利觀念雖一時一地未必能盡同，總同是人類的功利觀念，故大體上還是有些統一的觀點。現在我們來回答達爾文的反駁。達爾文是根據功利美來推斷而說「我可以首先指出，美的感覺顯然是決定於心理的性質，而跟被鑑賞物的任何真實性質無關」，因為達爾文對美沒有深一層研究，且為了自衛，全然無視普遍美的存在。我們明白了一切美的基礎在於線條與色彩（包括音樂），便很容易看出達爾文的話的偏頗，換句話說，達爾文的自衛未能成功，他的學說是要被顛覆了的。

如果美的東西全然是為了供人賞心纔被創造出來，那麼便得指證，在人類出現以前，地面上的美應當比不上人類登上舞臺之後。(頁二二二、七行)

冠學按：很奇怪的現象，開花植物是與採蜜昆蟲同時出現在地球上的，換句話說，在地球上還沒有採蜜昆蟲之前，地球上沒有開花植物。如果依據這一現象來批駁主張美是為人類而造(假定不是為造物主自己而造)，那麼在人類登上世界舞臺之前，則不應該有美的無生物和有生物。達爾文還很保留，只說「比不上」。如果這是合理的推論，須得比較人類出現以前與以後的世界，然而事實上天之藍地之綠，早已存在，開花植物早已存在，許許多多昆蟲、魚類、爬蟲以美姿態存在也為時甚早，鳥獸以美姿態存在也都早於人類之出現，這麼說來，無生物與有生物之美，除非為人類預設，便沒有理由說是為人類而造。問題是，這些美是有延續性的，如果美待人類出現纔創造，豈不是要在人類出現同時，將天容地貌改換一過，將一切無生物有生物的形色改換一過了嗎？其實也沒有這種道理。故從存在物的延續性來說，達爾文提出截然的兩界，乃是愚不可及的蠢見。而且無論無生物有生物，自早期以來便全屬於線條與色彩的普遍客觀美，絲毫不預含人類的功利主觀美，這個事實也完全推翻了達爾文功利美之見。再次，假定這個世界確是被造物，那麼關於這位創造者，可以有三種假定：一、祂是醜的愛好者；二、祂無美醜觀念；三、祂是一位偉大的藝術家。很明顯前二種假定不合常情。那麼依據第三種假定，祂的創造物一定都是無上的藝術品，當然在這一藝術創造的本質上，要分切為兩段創造，前段不關於美，後段切關於美，乃是不合理的，且也是不可能的。依此而論，達爾文顯然又是一番蠢見。不說是著作家，一個常人也都有智力、學力、觀念、心態來做為他對於事物的認知與闡釋的基礎，如果這個基礎過分屬於低級或初級，此人的見解往往是庸人自擾，徒然製造對事物理解的混亂而無一絲好處。而一個著作家，如有這種狀況，則情況便嚴重了，因為他的文字是要流傳開去的，萬一此人正投合時勢的趨向，他個人的蠢見是小事，其貽誤人世則為大事了。

其實整個宇宙乃是造物主的一個創造場，也是祂的作品的陳列館，祂的作品不止是藝術品，帶著百分之百的美的本質而已，祂的作品也是一種無上智慧的創造物，為無盡的、不可窮究的萬般智識與技能可能有的一切創造。單就生物而觀，植物、動物種類之繁富，盡一切人智無法想像。我嘗說猿猴是老天創造人類的許多草稿，其實這個說法是錯了，猿猴也是老天創造的原定項目，只是創造過程，祂也曾經在可能性上摸索過，這或許是事實，但也許也不能這麼說，例如被淘汰掉的恐龍類及現存的有袋類。總之，人不懷成見，猶如不戴有色眼鏡，纔能看見真實，一旦懷有成見，戴了有色眼鏡，不見真實的損失是自己，不是別人。達爾文被成名機會的成見（主要是智力不足、學力貧乏、觀念淺薄、心態偏差）貽誤了自己又貽誤了別人。但也是那個時代纔會造就出達爾文這個人物來。達爾文將無生命的物理科學援入有生命的生理科學，乃是對牛頓的東施效顰，不止是錯了，且是大錯特錯。

> 始新世美麗的螺旋形和圓錐形貝殼，以及第二紀有精緻刻紋的鸚鵡螺化石，是為了人在許多年代以後，在標本室裏鑑賞它而被創造出來的嗎？很少東西比得上矽藻的微細硬殼美麗的，難道這是為了在高倍數顯微鏡下來觀察和讚美而被創造出來的嗎？矽藻和其他許多東西的美，顯然是完全由於生長的對稱而然。（頁二二二、八行）

冠學按：達爾文這些話是被批駁他的學者導引出來的。「他們相信許多構造被創造出來，是為了美，讓人或造物主賞心」。達爾文是針對這話來反駁。那些學者的話，其實如更徹底地說，應單提造物主而不必提到人，因為造物主本身便是一位無上的藝術家，經祂手中製作的成品，亦即經藝術家手上製作出來的作品，焉有不是賦足美質，為十足的藝術品之理？問題只在於人是不是肖祂而造這上面。很顯明的，在審美這個作用上，人肖祂而造，是可以確定的。而祂之對人，有另番的看待，在其他方面也歷歷可數。人體上下兩個器官，即腦與肥臀，一用以認知，一用為坐墊，更是顯明。至於藍天綠地，鳥語花香，魚蝦萬品之合於人類熟食之口味，絕非偶然。這些在在都足為美乃為人設之佐證。至於微細物，為人類肉眼所不見的，在人類日常生活上等於不存在的微細物，造物主不在這個層面上著意是可以確定的。達爾文舉矽藻之美為反證，乃是舉偏了，也就是說他舉這個例乃是欠周延的，肉眼所不見的微細藻類，矽藻之外大率都不具美形式。如果造物主有意在肉眼不可見的微細物上著意，應該一律都是美設計，在肉眼可見的顯物美是無例外的，如果微細物也是有意賦予美質，便不會參差不齊。矽藻是生長的對稱乃是事實（矽酸鹽結構），而其他藻類是生長的不對稱也是事實。這裏造物主因為不著意而交付自然生成法則，乃是可以確定的。按微細物或是生成對稱，或是生成不對稱，完全取決於它的材質。關於如矽藻這類生成對稱的微細物，二十世紀下半葉有碎形幾何學這一門新學問來加以闡釋，讀者有興趣的話不妨加以探討。下面舉一個否定達爾文生長的對稱，而明證有意創造，肉眼不見者不對稱，肉眼可見者對稱，一體內外兩面絕佳的例，供讀者參考。

剖開人的肚皮，可看見人的內臟有條不紊地安裝在胸腹腔裏，這已足以令人讚歎，但內臟除了肺、腎和上下結腸，全無對稱性，心臟偏左，肝臟偏右，胃大在左，膽小在右，而胰隱在胃後，大小腸彎彎曲曲，這內在的一面顯見缺乏對稱性。但是蓋上了肚皮，整個外在一面的人體，自上部的臉面而下，上肢下肢，雙乳、肚臍、手腳全是左右對稱，內部的不對稱是被掩藏起來了。如果生長是對稱性的，便不應該有不對稱的藻類，不對稱的內臟。這裏我們顯明地看到造物的設計，造物並不枉費心機，用在看不見的內臟上，這是一個非常明白的例。

> 花是自然界最美麗的產物，又因襯托著綠葉，格外顯眼，更形鮮麗，易為昆蟲所尋見。我所以得出這個結論，是由於看到一個不變的規律，凡風媒花絕對沒有華麗的花冠。有幾種植物慣於開出兩樣花，一樣是展開的，施有彩色，用以引誘昆蟲；一樣是封閉的，不施彩色，又沒有花蜜，絕對不受昆蟲訪問。因此，我們可以斷言，地球的表面如果沒有昆蟲的發生與發展，這個行星便不會點綴著美麗的花，而只開諸如樅、櫟、胡桃、梣等樹，和禾本、菠薐、酸模、蕁麻等草那樣由風力受精的貧弱的花。(頁二二二、十二行)

冠學按：「花是自然界最美麗的產物，又因襯托著綠葉，格外顯眼，更形鮮麗」，我們很覺得遺憾，達爾文能說出這樣的話，卻不能有體悟。花既然是自然界最美麗的產物，合於十分複雜的目的性，如何可能自然發生自然產生？無限機率有可能產生它嗎？這是第一個問題。第二個問題，花的美既然准許解釋為用來吸引昆蟲來傳花粉，為什麼一定不能准許解釋為用來供人類的觀賞？蜜蜂的視覺比人類所見光波短，牠能看見紫外線，卻看不見紅色，紅色花佔花的大宗，那麼它到底是為誰開？蜜蜂是被遠處的花的氣味所吸引，不是在遠處便被還未看到的花的顏色所吸引（蜜蜂的視力約只有人類視力的百分之一），可知花的形與色是為人設。G. R. Harrison 也說：「蜜蜂似乎是受遠處的花的氣味所吸引，而不是受顏色吸引。」（中譯本《人類的前途》第一七二頁）而論花的真正知己，人類以外還有別的生物嗎？昆蟲只是花的工具而已，牠們算不上是花的肯定者。一個花的美之肯定者，大宗紅花的欣賞者，反而被排斥在這種設計之外，這合理嗎？再者，綠葉襯托著各色各樣的花，更增其鮮豔，尤其是萬綠叢中一點紅，那麼綠這個顏色的被採用，來做為襯托花色的搭配，是偶然的巧合呢？是設計呢？達爾文自己的語氣便十足顯示出為設計而並非偶然的巧合。我們當然很覺得遺憾，達爾文睜著眼，卻說了許多瞎話，有很多遺落。達爾文說風媒花絕對不開華麗的花冠，乃是用風力傳播花粉的花。若依自然盲目演化，不能避免風媒花有華麗的花冠（假若華麗的花冠由自然演化演化得出來的話）。既然生物是藉由無限機率而演化，稍微有數學觀念的人都會做這樣的判斷。達爾文似乎是一個沒有什麼數學概念的人，其實他的數學很差，無怪他能篤定的依賴無限機率。除了形態生物學（有別於生態生物學）和粗略的地質學以外，我們也看不出他曾經涉獵過什麼學問，他對美學更是一個道地的門外漢。由於他缺乏數理概念，他的話處處包含著矛盾，這種矛盾，思考力正常的人，立即能覺察出來。「開展而施彩色的花」，則帶有花蜜，「封閉而不施彩色的花」，則「沒有花蜜，絕對不受昆蟲訪問」，它們不靠昆蟲來傳花粉，而是靠風力，或自己能受精。這裏我們看到兩套設計。「地球的表面如果沒有昆蟲的發生與發展，這個行星便不會點綴著美麗的花」而只開貧弱的花。你不會覺得奇怪嗎？像這樣的說話，怎會出自一個倡說自然進化論者的嘴裏？因為即使是由機率演化，大花也照樣可由風媒傳花粉，不必演化成非用花蜜靠昆蟲傳佈不可的新手法。你會不會覺得在華麗的花與昆蟲這二者之上，論理是否須要設想有一個超然的第三者，此第三者是花與昆蟲搭配設計人（花與蝴蝶是雙美設計）？其實花若只為了吸引昆蟲，無論它的形色或香味，都只要如此如此的小規模設計便很足夠了，而我們所看到的花，都遠遠超過了吸引昆蟲作用的限度，看來應該另有更大的作用，亦即為人類的觀賞而設。讀者可很容易且自然地想起這個第三者，而要自然進化論者想起這個第三者卻很難。讀者沒有成見之蔽，自然進化論者滿腦子成見之蔽，成見使人成為睜眼瞎子，這是很可憐的。在朋友間在客廳間擡槓，怎麼說都無所謂，但是要著書立說，得有著作良心，我們覺得遺憾，這些人沒有著作良心。

同樣的論點也可用在果實方面。成熟的草莓或櫻桃既悅目又可口，桃葉衛矛華麗彩色的果實，枸骨葉冬青猩紅的漿果都是美色之物，這是任何人都承認的。但是這種果實的美，目標只在於鳥獸，要吸引牠們來吞食，好將種子混在糞便中藉排洩散播開去。

（頁二二三、一行）

冠學按：我們不能明白，對於果實，也一定要將人類排除，這種偏頗的心理，很可怕，現在人類是果實的大宗消費者，這是任何人都承認的。前面已經駁過，植物大可以不必開花，不必結果實，而直接假借風力傳粉受精，散佈種子。到達開美麗的花，放芬芳的香，結鮮豔美味的果實這個階段，沒有更高一層的解釋，自然進化論者是永遠不能令讀者滿意的。果實與鳥獸也是一對同時共在的設計，和花之於昆蟲一樣。

另一方面，我樂意承認，大多數雄性動物，如一切最美麗的鳥類、某些魚類、爬蟲類和哺乳類，以及許多彩色華麗的蝴蝶，都是為著美而生得美的。但這是通過性選擇，

較美的雄體，繼續獲得雌體的喜愛而致，並不是為了取悅於人類而然。（頁二二三、七行）

冠學按：到這裏我們要問，達爾文開口是美，閉口是美，滿嘴是美，可曾想過對於動物，美是什麼？動物有無美感？這是一個先在的問題，談清楚這個問題，纔有可能談性選擇（假定有的話）是否涉及美這回事。不客氣地說，我們發現達爾文的腦筋頗為渾沌，他根本沒有能力處理這一類問題，他想都不會想到。到底動物的視覺和聽覺跟人類有無差距，甚至在本質上有無異同？如果在本質上和人類無相同處，達爾文便無法談動物的美反應，更不能談美的性選擇。部分動物有視覺上、聽覺上的快感這是無庸置疑的，但有無超乎快感以上的美感，這就很難說了。花的顏色，可能在某些動物的視覺上產生快感，這可由實驗來證實。但如貓、狗、獅、虎這類食肉獸，牠們的視覺是灰階的，顏色對牠們不可能產生快感是可以確定的。而蜜蜂、蝴蝶的視域，跟人類的視域並不完全重疊，花的顏色中一部分對於蜜蜂、蝴蝶是存在的，一部分是不存在的。我們先不問視幅的問題，牠們有視覺的快感，應可以無疑，但與人類並非完全重疊。至於線條與形體之美，如花的構形，若說蜜蜂、蝴蝶有欣賞力，有美感，起碼筆者不敢苟同。就造形而言，花在美這個層次上，是全為人類設，對於蜜蜂、蝴蝶乃是不存在的，這一點，筆者可十分加以肯定。故動物如有性選擇，在快感這個層次上，可以有，但在美感這個層次上，則是沒有的。現在我們要問，通過所謂性選擇，即如果真有超乎生理體制的快感的性選擇，動物最多也只能有部分的顏色之快，斷斷乎還不能涉及造形之美這項事實。然而動物的造形美卻是普遍存在的，那麼它是無的放矢呢？有的放矢呢？它的的是什麼？是誰？

按達爾文另有一部《性選擇》的大書附在《人類的由來》一書中，佔了該書一半以上的篇幅，陳兼善在他的《進化論綱要》一書闢一專章來討論這一部書，我們在前面也引過，這裏不再討論，其實也沒什麼好討論的。按動物雄雌關係，鶴類一夫一妻制這一自然好合的類型除外，有三類型：一、建立在雄體的氣力上；二、建立在雄體的美音上；三、建立在雄體的美色上。建立在雄體的氣力上的，不在性的美選擇範圍內，性的美選擇如果有，則只在後二者。其實美選擇根本不存在，所謂美音美色，乃是對人而有而存在，對動物的雌體，不過是一種招引的信號而已。人是地球生物界中惟一有審美能力的生物，由人仔細審察動物的所謂美音，很難分出高下，在美色方面也是如此，很難加以軒輊。我們所得結論，雌選擇在這音與色兩方面都只是偶然選擇，也就是根本沒有選擇，一切都只出於偶然，沒有絕對必然性，因此所謂雌選擇的美選擇，乃是子虛烏有的意想。我們在前面已指摘過，因為達爾文是美學的門外漢，因而有此謬論的提出，如果他曾經對美真正做過研究，便不至提出這種常識之見了。達爾文在《性選擇》一書中，還提到雄體對雌體的美選擇，而造成雌體向美的增進。據我所見，癩皮母狗發情，群公狗趨之惟恐落後，故達爾文這也是子虛烏有的意想。即以真正確定有審美能力的人類而論，男人選擇美女是天經地義，而美女選擇俊男則未必然。人類有許多價值觀並存並行，美只是這些價值中的一項而已，並不是惟一的主宰。而且人類還是屬於氣力型，既非美音型也非美色型。

有美音則無美色，有美色則無美音，這在蟲魚固無論，在鳥亦然，這跟獸類中有角者無牙，有牙者無角同。而蟲鳥音與色的設計，且有排除用氣力爭鬥的用意。這種音或色係全為散居者臨時野合而設計。但如雞類既有美色，而又好鬥，雞類尚且有距，分明是氣力類型，這是地上生活走獸類型，雞類因為生活條件在地面上，而以禽兼獸，因而有雙重身份。

到此我們所得結論是，除了人類以外，動物界根本沒有所謂選擇這一回事，因為動物界根本沒有價值觀，既然沒有價值觀，又何選擇之有？既然動物沒有選擇，談雄選擇、雌選擇，甚至美選擇，這只是癡人說夢，這只是一套無事實的假設或意想之自圓而已。達爾文以性選擇佐其自然選擇，他的性選擇也跟他的自然選擇一樣是出自人工配種選種的經驗，但他忘記了自然界並沒有「人工」的介入，亦即自然界沒有價值觀。推理行為須得時時做反觀，以檢查得失，尤其前提的設定更須事先檢查，未養成反觀習慣或根本沒有反觀能力的人，其陷於推理誤謬是必不能免的，這種人最好不要涉足學術，以免貽誤。

> 鳥類的鳴聲也是這樣。我們可以從這一切來推論，動物界的大部分在美麗的顏色和音樂的聲音方面都有同樣的嗜好。(頁二二三、九行)

冠學按：我們要總結這一整節的討論：生物界一層高似一層地出現，達到這最高一層，即美的一層，已竄昇到精神層面，樣樣都跟人類所獨有的精神體息息相關，這最高一層的一切是相應於人類而設，乃是至明的事實。因為只有到達人類纔出現精神體，這些最高層的表現，如無人類的存在，無有人類精神體的存在，便是無的放矢了。為了招引雌孔雀，雄孔雀只要一種單一色的釉綠或金黃乃至猩紅便很足夠了，那繁縟的配色與羽眼的設計，豈不嫌浪費？為了招引雌畫眉，雄畫眉只要一種單調的鳴聲便很足夠了，卻動用了優美的旋律和曲調，豈不嫌多勞？為了招引蜂蝶，花形、花色、花香，只要那麼一些些便很足夠了，居然動用了藝匠的設計，豈不嫌小題大做？為了招引鳥獸傳播種子，果實的大小、質感與口味，只要一些些便很足夠了，卻動用了大製餅師的手藝，豈不嫌殺雞而用牛刀？明明這一切都是為了人的緣故，纔使出了絕頂的工夫，達爾文卻因無知而提高動物達於人類的絕高等級，因而抹煞了造物主對待人類的用心與好意，這豈不是對造物主的忘恩負義？為了干名，想搶當牛頓第二，達爾文處心積慮，積稿二十年而不敢發表，惟恐萬一有差池，功虧一簣，因不得已提早發表，又惟恐當場出醜，不敢挺身而出，而對反駁者。達爾文非不知這一切的實際，然而為了博取大名，居然昧了良知，乘時勢之潮流，為東施之效顰，而成其洪水猛獸之邪說，他這個邪說，已淹過了二十世紀，是不是也能淹過二十一世紀，筆者沒有那麼久永的生命，不能親眼看到，更不能預知，但惟知，只要人類仍沈迷於唯物的科學，達爾文將依然乘在時勢的浪潮上。科學並不是限於唯物的，將科學定在唯物上，乃是莫大的誤解。

Pierre Delbet 說：「至於純為裝飾的形質，為要牠們如達爾文所體會的那樣作用，則這些動物便非有非常發達的審美情操不可。」而這是不可能有的事。又說：「魚類因為不交尾，所以我們毫未見到魚類有什麼審美情操。」（見其所著《科學與實在》，危叔元中譯，五十二頁）蝴蝶魚媲美天堂鳥（極樂鳥），其一身彩色的美，對異性尚且連招引的作用也無，因為牠們雌雄同色；牠們是否能夠看見如我們人類在牠們身上所看到那樣美麗的色彩，還是一個問題。熱帶海魚，美如蝴蝶，名為蝴蝶魚，美如神仙，名為神仙魚者，種類繁多，牠們差不多都是雌雄同色（當然也有雄麗雌平淡的）。在魚類這方面，彩色的美專為人類設，更是鐵的證據。「有些顏色我們看來非常鮮豔的，在其他動物看來可能僅是色調的不同（即同一色的深淺不同），有些動物的體色對我們非常鮮明者，在單一色調下視之便成為保護色。有些魚類的體色，可能只是一種保護色型，所產生的效果，就其攻擊者的眼光看來可能為灰色。」（見 J. Z. Young: *The Life of Vertebrates*，中譯第三八一頁）

五三、為誰而生？為誰而設？

如果能夠證實任何一個物種的構造的任一部分，全然是為了別的物種的利益而形成，那便將推翻我的學說了；因為這些構造是不能通過自然選擇而產生的。（頁二二四、三行）

冠學按：上引這些話，乃是達爾文順著上面討論美是為了取悅人類讓人類賞心而設這個問題而下的斷言。這句話當中的關鍵字眼在於「全然」二字，意思是只對別的物種有利對自己沒有一絲一毫好處。達爾文很喜歡耍弄這一類全稱偏稱的恍惚字眼。只要有百分之一的自利，即使對別的物種有百分之九十九的有利，你便不能當做證據來駁他。達爾文的狡術很到家。按生物體制上的任一部分，論理應該都是為了該生物的生存或種族延續的利益而設，不是有這「切身」目的，那一個部分便不可能形成。依據這個前提，想要找出不關該生物自身生存或生殖利益的部分體制應該是不可能的，何況要找出體制上完全是為了別的物種的利益而設的器官，那更是不可能。盲腸、闌尾，人們認為是多餘器官，亦即無用器官。如果這是屬實，那麼生物體制便有跟該生物生存生殖利益無絲毫關涉的器官了。嚴格地說，只要有這種器官的存在，達爾文的自然選擇說便站不住腳了。而這種器官有也沒有？據說人體有一百八十多個無用器官，如果這是事實，達爾文有什麼話可用來答辯？當然，達爾文有話可答辯，他辯稱那是痕跡器官，是退化後殘存的。依此，如果有對一生物自身無絲毫好處，卻對別的生物大有好處的器官呢？由退化而殘存，雖然對自己無一利，對別的某生物卻有百利，這種碰巧的事，論理應該可有。如果有的話，達爾文還是會用殘存器官來予以處置。那麼如果是如此，本節所引達爾文的話便是無意義的贅言了。只有既不是殘存器官而又無利於自身且有利於別的物種的器官的存在，達爾文的自然選擇說纔會破產。然而這種器官有也沒有？甘蔗的莖算不算？達爾文會說，甘蔗的莖可視如果實，是為了要假手散佈其莖節的芽而設，因此不能算數。其實甘蔗被吃掉了莖，節上的芽便活不成了，我們姑且當做活得成不加深究。那麼五穀的種子算不算數？顯然五穀的種子不能跟果實同例來看待，果實的肉和種子是分開的，五穀的種子胚芽不能脫離穀實來傳佈。但達爾文會說，穀實是為胚芽而設，不是為鳥獸蟲豸人類而設，此例不合於「全然」二字。那麼雞蛋呢？達爾文會說，雞蛋跟五穀的種子同例。好了，果然找不出有全然無利於己而有利於人的實例。我們再尋思尋思。香蕉和草莓的果實呢？這是全然為了別人而設的，對自己無一利之可言。達爾文應該認輸了。蝦肉呢？蝦肉顯然對蝦自己是沒有必要的，蝦的內臟及營生器官全集中在頭部，蝦肉不止是多餘的，還是有百害而無一利，蝦肉「全然」是為別的物種而設的，為蝦的自身利益計，蝦只要有一個頭部便夠了。再如鮪、鰹、鯖、鯊、鯨，牠們的背肉和腰肉是必要的嗎？豈不是對自己有百害而無一利？一切大大小小的魚蝦全是如此，牠們的全構造都是為了別的物種而設，何止是構造上的一部分。在達爾文的時代，大概還不曾有食物鏈這個概念。其實從食物鏈這個概念來探討，許許多多的生物，都只是為了別的物種而生。蝦的十隻腳，兩對觸鬚，及其一身圖謀生存的器官，全是為了製造蝦肉而設，而蝦肉則是為了別的物種的利益而設。一頭藍鯨，長三十公尺，重一百五十公噸，一天要吞下四公噸的磷蝦（頭尾約五公分長），試問這些磷蝦是為誰而生？為牠自己嗎？或是為了魚、鳥、藍鯨、長鬚鯨呢？而魚、鳥、藍鯨、長鬚鯨又是為了自己而生的嗎？或是為了別的物種，比方說，是人類？而人類呢？是為了自己而生的嗎？還是為了寄生菌乃至病菌病毒？如果人死不是火葬的話，他最後是為了蛆、蟻與菌。整個生物界，一條大律大法，就是人人為我，我為人人。生物界，一句話，由一條利益的循環鏈貫串，整個構造全然是為了別的物種的利益而形成，何止一部分！非洲草原上的草是為了食草獸而生，食草獸是為了食肉獸而生。花是為了蜂蝶而設，因為植物原本便可以不藉昆蟲而藉風力或自力來傳雄粉受精；花甚至全然是為了人類的利益而設，對自己並無一利之可言。果實是為了昆蟲鳥獸乃至人類而設，因為植物原本可以不藉果肉便能散佈種子。這一切是那麼明白，乃是自明的事實，而達爾文卻為了要成大名而故意曲解它。達爾文之曲解所以得逞，只為他挾著自哥白尼以來人類在物理科學方面的新成就之威勢，把唯物的風潮推入生物界，因而博得英雄式的崇拜與喝彩。這是莫大的歪曲。其實即在無生物界，物質的生成，自然律的形成，背後還是有一創造者在。而生物是「生」與「物」的配合，它之不能外於創造者的創造，更有雙重事實在，即物與生的雙重創造，在物質創造之上再加以生命的創造。

> 正如帕利 (Palay) 所說，沒有一個器官的形成，目的是為了將痛苦或傷害加予它的所有者。(頁二二四、倒五行)

冠學按：達爾文引帕利的話來做為他的自然選擇說的一個實例，這也是承接上面美為誰設的問題的另一斷言。我們在本節前段已舉出香蕉、草莓、魚蝦為例，並且提出食物鏈來反駁達爾文的論點，這裏論點未曾改變，前段的反駁仍然有效，不過，我們想在這裏再舉出一個一針見血的例，來反駁這後段的話。

蜜蜂的工蜂生有倒鉤刺，螫人之後，因為刺末有倒鉤不能拔出，終至連帶內臟一齊脫落，留在被螫者的身上，因而蜜蜂的工蜂螫人便要賠上牠的一條命。一般蜂刺無論直刺、鋸齒刺，螫人之後都可拔出，在蜂類中，惟獨蜜蜂的工蜂如此生成，蜜蜂的蜂后是直刺，螫人是不賠命的，雄蜂則連刺也沒有，讀者於此可明白看到設計的消息。那麼，蜜蜂的工蜂何以在自然選擇下，產生得出「將痛苦或傷害加予它的所有者」的倒鉤刺呢？其目的何在？我們暫且不問這個目的，顯然帕利以及贊成帕利的達爾文，在這個實例上，都站不住腳了。達爾文當然想到過蜜蜂的工蜂，他先發制人，自圓了一通，他說：「如果我們將蜜蜂的螫刺看做是，在牠的祖先的時代，原是鋸齒狀的穿孔器具，就像其同族大群（膜翅目）中許多成員那樣，後來由於為了目前的目的而有所改變，但改變得欠完全，牠的毒素原本是適用於別的用途，例如製造樹癭(gall)，但後來變得強烈了。據此，我們大概可以理解蜜蜂一用了牠的螫刺便如此恆常引致自己的死亡。因為從整體看，螫刺的功用有益於群體的生活，雖即能引致少數成員的死亡。」(頁二二五、倒三行) 這是達爾文的如意自圓之說，牠的毒素增強了有利於己，而牠的螫刺卻變壞了不利於己。有這種事嗎？有這種一邊有利一邊不利的自然選擇嗎？這種強詞奪理的話，也只有將全書建築在如意說之下的達爾文纔說得出來，而這也就是他的一貫風格——一套如意的意想。除非是達爾文的徒子徒孫，不會有人信服他這種自由心證的說法——

主觀設定，取其利遺其害。

這裏筆者提出另一種解釋，供讀者評判。

按蜜蜂自始便是那個樣子，就像各種的蜂就是那個樣子的情形一樣。地球上已登錄的蜂有一萬二千種，總數應該有數萬種，假設都是從同一鋸齒刺蜂祖演化下來，所有蜂都演變得於己有利，獨有蜜蜂演化失敗造成於己不利，這種講法講得通嗎？因為在數以萬種計的蜂類中，只有一個種螫人會賠命，這是不能想像的，要嘛應該存有幾百種，至少也該有幾十種，這纔合理。如果自然界真的有自然選擇，像蜜蜂這種螫人賠命的物種，應該會被淘汰。然而牠卻是獨一無二而又未被淘汰，可見自然選擇一說是無稽之談。其實，蜜蜂是造物主的特意設計。試想想，如果你是造物主，你要設計一種終究要跟人類發生密切關係生產蜜供人食用的蜂，你既要牠帶刺以捍衛社稷，又要牠對人類不會造成嚴重的傷害，你說牠須具備那些條件？當然第一毒性不要太強（如虎頭蜂那樣便太強了），第二讓刺末帶倒鈎，螫人賠命，我想這是能想得出來最為完滿的設計了，不是嗎？這樣來解釋，纔是合理的。

凡跟人類有密切關係的生物都是特意設計。雞是夜盲的，半夜裏牠啼一遍，淩晨又啼一遍，拂曉前又啼一遍，這根本是在跟自己的生命開玩笑，在自己視覺失效的黑夜裏，高喊我在這裏，山貓、貛、狐狸、狼、豹都有夜光眼，這不是跟自己的生命開玩笑嗎？可知雞啼是為人類設，即為人類的利益設，對雞自身「全然」無一利之可言。這裏又看到達爾文的自然選擇說之虛妄。而母雞在大白天產卵，產卵後大聒鳴，這不啻在高聲告訴食肉獸，我們在這裏，我的子嗣也在這裏（卵是她的即將孵化的子嗣）。這樣的物種合於自然選擇原理嗎？當然公雞和母雞這種本性都不合自然選擇原理。然而牠們卻未被淘汰滅種，自然選擇居然做了反選擇，自然選擇說豈不虛妄？

事實上象無長牙，但憑牠的柱頭般的大腳，業已無敵，有了長牙反而招致殺身之禍。犀牛但憑牠的戰甲般的厚皮和柱頭般的大腳，業已沒有肉食獸敢來侵犯，鼻頭上生的角，豈不是招致殺身的禍物？像象牙和犀角都是「為了將痛苦或傷害加給它的所有者」的器官，難道達爾文還有什麼話能用來答辯嗎？

麋角是百無一用的器官，麋角只加予它的所有者不便和不利（包括痛苦和傷害），這種頭頂上的重物，三歲孩童都知道是頭頸的負擔，而且又會卡在樹枝間，交配打架時往往交連不解，終至雙雙餓死。麋真正的武器不是角（因為它不便於使用）而是腳，牠的腳足以踩死大熊。麋角是全為人類觀賞而設，卻使雄麋活受罪。

馬時速七十公里，牠這四隻腿腳，讓牠在人類的胯下吃足了苦頭，卻逃不過獵豹的追獵。獵豹時速一百十二公里，人類能騎牠嗎？獵豹有尖牙利爪，保護了自己的高速度。馬無尖牙利爪，高速度卻成了惡運。馬的單純高速，豈不是一種「加予所有者痛苦或傷害」的器官嗎？

龜，幾個月不進食不死。加拉巴哥群島的陸上巨龜，提供了西班牙等國初期航海者，航途上新鮮的肉食。牠那久餓不死的體制，不正是加給它的所有者痛苦與傷害嗎？

真珠、江珧柱，使它的所有者送了命。魚蝦前面已經提過。

杉、柏、松科大喬木，原本皆可以五百歲為春，五百歲為秋，卻因材質之用，幾千年歲月，一旦被鋸倒下來。

狐臭給予它的所有者難以擺脫狼與獵犬的厄運。

蝙蝠落地便不再能飛起，牠做為一隻地鼠還更幸福些。

前面已經提過，熱帶鳥和雨燕的極短腳，又是給予它的所有者痛苦與傷害的一例。達爾文的自然選擇確實存在嗎？

犀、蛇，前面已經提過，嚴重近視，如果自然演化是向有利發展，應該發展成視遠如視近。尤其是蛇，蛇是聾子，既然剝奪了牠在聲這一方面百分之百即全部的效應，又剝奪牠在光這一方面百分之九十的最大部分的效應。如果自然演化是向有利發展，能夠局限蛇不演化成目明耳聰的超級毒蟲嗎？如果生物的自然演化是儘量向有利發展，蛇有了第一級眼力聽力，又擁有第一級毒力，別的動物且不提，人類恐怕早已在蛇的聰明與毒牙下絕滅了。如果不是出於周全的設計，犀和蛇會局限在這樣的體制下嗎？如果生物是由自然進化儘向有利的方向做自然選擇，假定人類是最有利的進化巔峰，那麼世界上不可能再有任何其他動物，牠們將會一一向人類演進，終於晉陞為人類，今日地球上將看不到蜂蝶，也看不到有美形美色的有花植物，因為蜂蝶都向有利方向演進而被自然選擇成為人類，那麼今日地球上至少將可有千種乃至數千種的人類（在生存鬥爭下獲得勝利而留存），除了人類以外，沒有任何其他動物，而人類呢？將無奇不有，除了腦力體能都是一流的以外，膚色將有紅、綠、花、斑甚至透明的種類，口鼻耳目形狀將至千奇百怪，這是生物出自自然進化必然要達到的結局。由此可以看出達爾文的荒唐。

五四、牛頭不對馬嘴：自然進化講不通

南美洲草木豐茂，而大四足獸卻出奇地少；而南非洲，大四足獸卻多到不能對比。為什麼會這樣呢？我們不知道。（頁二四五、倒二行）

冠學按：美洲是新世界，新世界的熱帶自有她自己的動物，不可能和舊世界雷同；即使是南美洲的溫帶寒帶亦同。果使南美洲也有非洲的大四足獸，非洲豈不是盡失了她的特色了嗎？讓人類來造物，當不至這麼浮濫，何況是老天呢？美洲原只有極少的印第安人，不像舊世界的人類特別多，這是同例。北美洲的西北端東北端曾經與舊世界相連，故新舊世界北方動物不能避免雷同。

J. Z. Young 說：「南美洲的有蹄類動物區相，是一個在地理分布上成隔離狀態的實例，與澳洲的袋鼠同樣地令人驚異。」（見前著中譯九一五頁）

如果生物是出自自然進化，南非洲的大四足獸既然無論品種、數量都多，那麼南美洲也理應有許多，這是自然進化不可避免的推論，因為那裏「草木豐茂」，環境允許有多品種多數量的大四足獸，然而沒有，那麼除了是造物主的創造，還能找到什麼好的解釋呢？

> 我們實在不能解釋，為什麼在世界許多地方，有蹄類沒有獲得長頸或別的器官，好用來啃食高枝上的樹葉。（頁二四六、倒五行）

冠學按：這是創造的區相設計，否則世界風景到處雷同便不稀奇了。造物主即使不是為了自己來欣賞，單是為了人類，祂也不能將世界的風景作成單調的同一個式樣，那樣的話，人類將何以堪？就是人類自己來創造，也曉得有這種需要。

因為生物這一事實是出自創造，不是出自自然進化，因此達爾文用他的自然進化論來看待生物事實時，便處處無法解釋，這就是成語「方枘圓鑿」所指的，也就是「牛頭不對馬嘴」這個俗諺所譏刺的情形。其實生物現象用自然進化論能夠解釋得通的很有限，絕大部分都是自然進化論所無法解釋的。生物現象一旦達到目的設計，包括體制本能和行為本能以及生物與生物之間的關係這個層次，自然進化論便寸步難行了。達爾文是被大名迷了心竅，纔如此蠻幹到底，雖不是有心造禍，這種只為一己的大名而罔顧事實與禍害的作為與心態，實在太可怕了。一個有良知的人，提出一套學理，遇到解釋困難時，便應停下腳步來，慎思明辨。

但達爾文終究是昧了良知而不知止。

五五、邏輯零分

昆蟲常常為了保護自己而與各種物體類似。（頁二四八、七行）

冠學按：一個自然進化論者，寫出這種話，嚴重的語病！但達爾文在《物種起源》一書中到處是這種話，他的徒子徒孫的書裏學他的祖師爺的口脗，也到處是這種話。昆蟲無知，焉能「為了保護自己」而「與各種物體類似」。這句話，如果改為「為了保護昆蟲，昆蟲的創造者，將昆蟲的形色做得跟各種物體類似」，便是一句沒有語病的話了。但這是創造論的語調，不是自然生成論的語調，達爾文和他的徒子徒孫，絕對不是主張創造論的創造論者。且引達爾文的徒孫的話（太多了只舉一例）供讀者看看：「木蘭和其他植物一樣，想出一套解決的方法。木蘭花讓卵子和精子在不同時間生長，以避免自花受精。」（見好時年出版社《地球上的生命》，唐文娉譯，八十五頁）你看，昆蟲和植物都會思考，嚇人不嚇人？

達爾文的邏輯零分，這是鐵證。一個邏輯零分的人，可能著書立說而不會，移花接木，張冠李戴，成功一個無與比倫的天下絕大謬說嗎？想來真是可怕之至。這樣混沌的頭腦，能夠結構出一套清明的學理嗎？不可能的事啊！不可能的事啊！

五六、米伐特先生的詰難

米伐特先生說：「按照達爾文先生的學說，有一種穩定的傾向趨於不定變異，而且因為細微的初期變異是朝向『一切方向』的，因而這些變異該會互相抵消，在最初形成極不穩定的變異的傾向。」（頁二四八、十一行）

冠學按：米伐特先生，是當時有名的博物學家，達爾文稱呼他為傑出的動物學家。米伐特先生讀過《物種起源》初版之後，提出了不少詰難。

米伐特先生認為「擬態完全化的極致」是個難點，但我看不出它有什麼力量。（頁二四九、十行）

冠學按：「看不出它有什麼力量」，意思是「看不出有力量來駁倒我的學說」。

> 假定有種昆蟲本來跟枯枝或枯葉碰巧有些類似，這昆蟲再經由種種途徑進行變異，於是這昆蟲一點一滴更加類似某物體而獲得護身的有利變異便會被保存下來。（頁二四九、三行）

冠學按：這是達爾文對頁二四八米伐特先生的詰難的回答。按擬態最著名的例，如枯葉蝶、竹節蟲、花螳螂、葉螳螂。達爾文回答的話，初看起來，頗有道理。但我們要反問，果如所言，一切蝶類、蟲類、螳螂，都應該演化為擬態體，因為這是這一類鳥類啄食對象的生物保存其種族的不二法門。但這種擬態體卻佔此族中的極少數，這不能解釋那一股不可阻遏的演化動力。依機率而言，達爾文既然肯定它的存在，它便浩浩蕩蕩會將一切這些族類推往擬態的顛峰，非到這顛峰絕不能罷休，而不是像達爾文所說的，只是「假定有一種」而已，因為擬態是最成功的演化，它將擊敗一切未曾擬態的族類而獨霸昆蟲世界，以至時至今日，我們人類將看不到有一種無擬態的昆蟲的存在。

奧斯本(H. F. Osborn)，二十世紀初美國負盛名的古生物學家，年輕時曾經見過達爾文和華萊士等人，著有《生物學名人傳》，在其《生命之起源與進化》一書中說：「達爾文的見解，即染色質的進化，是一種偶然的事實，以各種方向表現其自身，這與古生物學上無脊椎動物與脊椎動物的例證相矛盾。」（第二編第五章）又說：「達爾文對於物種起源的原因之探究，現已成為一種不重要的附帶的命題，因為有了若干新的或變形的遺傳形質，馬上就有新種出現。」（同編同章）又說：「由於孟德爾學說之再發現與聚集在孟德爾學說下的遺傳學說之助，在我們探究原因之新方向上，可說使達爾文的自然選擇法則，在今日失其威信。」（自序）

奧斯本這些話就是從遺傳原理上否定達爾文微變累積這一過時且已不合事實的講法。擬態並非微變累積所可能達成的，它是一種突變，而這種突變，其實是造物主的嶄新創造。單純的自然突變，都是病態且是局部的，完美的整體突變，從未見過。從這兩點，可知擬態既不是微變經自然選擇的累積，也不是內外物理化學因素促成的突變，乃是一種在基因中做的整體精心設計，亦即造物的創造。

五七、非洲幼猴

布雷姆看到一隻非洲猴的幼猴，用手攀住牠的母親的腹面，同時還用牠的小尾巴鈎住母猴的尾巴。考察了非洲猴幼小時的這種習性，為什麼牠們後來不這樣呢？這是難以解答的。（頁二五七、三行、九行）

冠學按：這沒有什麼不好解釋。人類的嬰兒兩手的抓握力驚人地大，母親們都知道。若人類也有尾巴，嬰兒也會用尾巴鈎住母親的尾巴，為什麼呢？只為要確保安全。但到了四肢作用有十分的把握時，自然使用不到使用尾巴了，否則還是會再使用尾巴。

這麼淺顯的事象，達爾文居然不解，也真令人覺得不可思議。

五八、達爾文也有一根陰莖

關於乳腺的發展經過，我們肯定什麼也不知道。（頁二五七、倒五行）

冠學按：關於眼睛，達爾文歷述了昆蟲、魚類、爬蟲至哺乳動物，甚至僅有感光細胞的蠕蟲，而堅決地自信眼睛是由細微的、連續的變異發展出來。乳腺只有哺乳動物纔有，達爾文只好舉白旗。其實談到「發展經過」，眼睛比乳腺更難知。

除非幼體能夠同時吸食這種分泌物，否則乳腺的發達便沒有用處。（頁二五八、十一行）

冠學按：達爾文關於這個問題，含糊其詞，輕輕帶過。這裏其實我們又遇見了第三者，將乳頭與吸吮乳頭的嬰兒嘴搭配起來的第三者。沒有這個第三者，乳頭與吸吮乳頭的嬰兒嘴的搭配便無法獲得正解。

嬰兒是出自受精卵，受精卵是父親的精子和母親的卵子結合而成。精子和卵子所以能夠結合，是父母親有了性交媾。性交媾存在著非有第三者便不可能有的兩個事實：其一，精子、卵子染色體的減半分裂。人類的染色體有四十六副，精子、卵子各減半為二十三副，合起來又是四十六副。精子、卵子隔著兩人的肚皮，怎知道對方會減半？這裏不設想第三者，即造物主的存在，便無法理解。且如無減半分裂，精子、卵子經幾代之後，豈不被累積累增的染色體所爆破？而且染色體累積累增，不要幾代，人的體制會變得奇形怪狀。染色體在精子、卵子如無減半分裂，一切生物將在幾代之後，因體制的不搭配而悉數滅亡。其次，父母的精子和卵子如何纔得以結合？這是問題。當然是性交媾。但性交媾若無方，便達不成這個目的。於是父有一根長十公分以上的陰莖，母有深十公分以上的陰道，陰莖插入陰道射精與排卵便達成了這個目的。但男人的身體何以知道女方有陰道，女人的身體又何以知道男方有陰莖，而各自生出了各自的性器具來？這裏不是有第三者為之設計搭配，可能理解嗎？除非昧了良知良心，無人能不承認第三者的存在與設計。達爾文自己便有一根陰莖，而且也結過婚！然而達爾文對此卻無知無覺，就因為他的腦遲鈍麻木，他纔可能放心肆意去主張自然進化。恕筆者不客氣，連這樣切身的鐵證他都覺察不到，達爾文的腦力（在前一節他無法解釋非洲幼猴的行為），讀者你能不懷疑嗎？由一個覺察力、領悟力、思考力不足的人來充當學者，發為議論，著書立說，會是什麼樣的場面？

五九、後世肯定米伐特先生是對的

米伐特先生進而相信新種「是突然出現的，而且是由突然變異而成」。這意味著進化系列裏存在著巨大的斷裂或不連續性，這結論，依我看來，是極端不可能的。（頁二七二、五行、九行）

冠學按：我們在前面引述過多位當代知名生物學家的話，已證明米伐特先生是對的，而達爾文錯了。讀者可翻閱本書第二十六節的駁論。

許多事實，只有根據物種是經由極細微的步驟發展起來的原理，纔可以得到解釋。（頁二七四、四行）

冠學按：達爾文一直在重複申述他這個錯誤的見解。按達爾文的自然選擇不能解釋生物的起源，在自然選擇這條演化律的前面還須要一條生物發生律，這樣進化論纔算是完整的學說。達爾文用自然選擇律來處理物種的起源已經不當，因為自然選擇僅能解釋物種絕滅的現象，而不能解釋物種的形成，物種的形成是出於基因的突變，即造物主對基因突變的設計。單就物種的起源而論，每一物種的形成，都是造物主針對生活環境所作的新物種設計，故自然選擇根本使不上力，它是一個多餘的語詞，舊譯自然淘汰，纔合適於它。自然選擇是相對於達爾文連續微變這個假設而產生的，一旦連續微變不能成立，自然選擇說便也成為一個無用的語詞了。

> 對於這種突然變化的信念，胚胎學卻提出了強有力的反對。（頁二七五、二行）

冠學按：胚胎的發育是跳躍的，亦即是突變的，全不是微變的。我們不曉得達爾文是何據而做了這樣的斷言。這裏我們要特別指出，胚胎的發展是不可預測的。「在胚胎初期發育階段中，要把人的胚胎從豬、雞、蛙或魚的胚胎分別出來並不容易。」（Villee《生物學》教本第四十六章）但它們在其後陸續突變，愈變愈分歧，終至各成了各該動物的幼嬰。我們說它不可預測，正為其是突變。再另以昆蟲為例，假設有外星人，他們的星球沒有變態昆蟲，當然是沒有蝴蝶這一類昆蟲，那麼如果他們有機會來到地球上，我們手中托著一隻青蟲，一隻蝴蝶，告訴他們蝴蝶是青蟲變出來的，他們絕對不可能相信這是事實。青蟲變蝴蝶，該列為胚胎突變的第一顯例。

六十、本能

許多本能都極其不可思議，讀者或許會認為本能的發達，是一個足以推翻我的全部學說的難點。（頁二七七、一行）

冠學按：達爾文《物種起源》第八章討論本能，上引的話是這一章開頭第一句話。

如果我們假定任何習慣性的活動可以遺傳——可以指出，這是往往而有的。（頁二七八、末行）

我相信，一切最複雜、可驚異的本能是這樣發生的。身體構造的變異是使用或習慣所引生，且由此而增強，而不使用便萎縮或消失。我並不懷疑本能也是這樣的。（頁二七九、九行）

冠學按：關於本能足以構成推翻達爾文全部學說的難點，達爾文採取了拉馬克用進廢退說來排解。他相信本能也和肉體器官一樣全出於用不用的取決，肉體器官頻用了便會起變化，然後遺傳給下一代，本能也是如此，學得的習性遺傳給下一代便是本能。他認為「一切最複雜、可驚異的本能是這樣發生的」。這一章的難點，達爾文便用這樣的說法，自認就這樣解決掉了。

我們在前面已經屢次提過，約略與達爾文同時而稍後幾年的魏斯曼已經由實驗證明，後天習得不能遺傳，而二十世紀對遺傳因子基因的徹底認識，已經完全揚棄了拉馬克用進廢退說，達爾文應用拉馬克說是徹底的錯誤已是事實，這裏達爾文對本能的這種解釋之為錯誤便不用再說了。

對於人類的恐懼，如我在他處所指出的，是荒島上的各種動物慢慢得來的。這種事例，甚至在英國也可看到，凡是大型鳥類都比小型鳥類更膽小，這可穩妥地歸因於這一點；因為在荒島上大型鳥類並不比小型鳥類膽小。又喜鵲在英國是那麼機警，在挪威卻跟埃及的羽冠烏鴉一樣並不畏人。（頁二八二、三行）

野生動物偶有奇異的習性，這也可舉出一些事例。如果這些習性對該物種有利，便有可能通過自然選擇產生新的本能。（頁二八二、八行）

冠學按：同一個宇宙，同一個地球，同一個人物，讓不同的哲學家來觀察，他們的理解可以有很大的歧異或出入。所謂理解，包括機遇的領悟，觀察的深淺，思考的精粗，哲學家這三方面都不齊，故理解也不齊。當然，有最好的機遇，最深的觀察，最精的思考，便可獲得最佳的理解。這裏達爾文舉出大型鳥、小型鳥、喜鵲、冠羽烏鴉為例，他所得的理解，歸結為習性「通過自然選擇產生新的本能」。但後天習得不能入基因，達爾文的理解是錯了。筆者這裏提出一得的理解供讀者做參考，也希望讀者做個評判。

動物必須覺察到有危險，纔有反應。麻雀警覺性最高，牠喜與人類結鄰，因而對人類的警戒心也最大，人類要跟牠做朋友，那根本是不可能的。但幼鳥在未開目之時被人類飼養，則對人類便全無警戒心。我便飼養過這麼一隻，用食指招牠，牠便會飛到食指上，任何人一樣的對待。可見包括人類在內，對不同動物在沒有危險意識時不會猜忌。不論大型鳥、小型鳥、喜鵲、烏鴉，對人的態度，完全取決於牠的意識。一般地說，對自己以外的生物（尤其是動物），應該有天生的警戒心，任何動物，包括人類在內，都有這個通性。「荒島上的大型鳥類並不比小型鳥類膽小」。荒島上如果沒有食肉獸，島上的大型鳥，除了牠的同類可能欺侮過牠，牠大概很少受到侵害，久而久之，牠便可以放下警戒心，即使看到人類也無多少反應，這是合理的。但是在英格蘭的大型鳥便會怕人，這主要是出於經驗，即使不是有經驗，如我剛說過的，「對自己以外的生物，應該有天生的警戒心」，只是這個警戒心若一直沒受過驚動，它便可能顯得遲鈍些，如斯而已。再以麻雀為例，既已開了目的幼鳥，要跟牠做朋友，便要費些時日，因為牠一直聽到父母的警戒聲，但還是做得成，一旦做成朋友，用食指招牠，牠一樣會飛來食指上，一樣會在我的手掌背上飲水（剛洗過手，有不少水珠）。南宋隱逸詩人林逋，妻梅子鶴，鶴是大型鳥，一樣可馴。故論鳥怕人不怕人這問題，我們看到了天生的警戒心，有被驚動或受安撫的情形。英國的大型鳥的警戒心是一次又一次被驚動了。那麼這些鳥的「心」是什麼呢?達爾文引述于貝爾（Pierre Huber）的話說：「甚至在自然系統中是低級的那些動物裏，小量的判斷或理性也常發生作用。」（頁二七七、倒二行）低級的動物能有小量的判斷或理性，這是很奇怪的講法。低級的動物顯然沒有腦，有之也不可能達到能行使判斷的程度，那麼是誰來行使判斷呢?這裏我想一針見血地點出來，那是靈魂。一切動物皆有靈魂，沒有靈魂，動物便成了植物，本能存在於靈魂中。不假設靈魂，動物的本能便絕對不可理解。直到此地，我們一直只談基因談動植物的體制，在植物界無所謂，一到動物界，一半的問題出在靈魂，不談靈魂，就無法理解一切動物的行為，肉體是一部有機機器罷了，這部機器只有生理反射而已，而本能是超越在生理反射以上的。

荒島上的大型鳥的靈魂不曾被驚擾過，牠有生之年沒有過敵害，故牠的靈魂放鬆了。英國的大型鳥比小型鳥更怕人，因為牠比小型鳥，在有生之年更受到人類的迫害。喜鵲在挪威不怕人，挪威人比英格蘭人善良。埃及的羽冠烏鴉不怕人，埃及人善待牠們。人類天生無不有懼高症（幼鳥羽翼未豐時也跟人類一樣有懼高症），絕無例外。因為絕無例外，人類無翅膀，人類靈魂知道得很清楚，人類從高處落下時，不能像鳥一般地飛（幼鳥的靈魂也切知這一點），必然要摔死。但幾經訓練，高樓建築工人，馬戲團盪鞦韆的藝人，高空跳傘員，幾經訓練，取得靈魂的認可，便可以克服懼高症。沒有一項動物本能不涉及靈魂，單從肉體構造，絕對無法解釋本能的問題。自然進化論從唯物的立場，先行設定，排除造物主和靈魂，又如何能夠談生物問題呢？

> 在家養狀況下，自然的本能可以消失，最顯著的例，見於很少孵卵或從不孵卵的那些雞品種。（頁二八五、六行）

冠學按：這不是自然本能消失，這是很淺顯的事象，很容易理解。孵卵是煞卵（即卵已產完）之後的行為，既然在家養下產卵不輟（即還一直在繼續產卵），又如何能有孵卵的行為呢？我們被迫一再評量達爾文的智力，很不幸，這裏我們又不得不指出，達爾文的理解力很糟。

達爾文談到母雞的本能，只有寥寥的這幾個字，也就是只這麼一句話。我們很覺得奇怪，雞生蛋，雞孵蛋，雞育雛，這是談本能的絕佳題目，達爾文卻避開了。

龜是產卵不孵卵的。鳥類除了杜鵑一類型之外，造塚鳥一類型之外，全是產卵而又孵卵的，不止孵卵，還會育雛。這個本能怎麼講？是習慣變成本能的嗎？顯然要雞習得孵卵且育雛，乃是絕無可能的事，此事對母雞是種犧牲。依達爾文的生存律，大自然不會產生對自己不利的本能。達爾文說：「一如身體結構的情形那樣，各個物種的本能都是為了自己的利益。」（頁二八〇、八行）那麼這麼看來，母雞孵卵和育雛，連第一次行為的機會都不可能有，那來成為習性，再轉為本能。這裏達爾文要維護他的學說很困難。

雞孵卵，大水來了，母雞伏卵不去，終至淹死，此例常見。母愛是本能，如沒有靈魂，母愛不可能發生。機器人不可能有愛心愛情，如輸入程式——適當的程式，它可能有類似愛的行為，但絕對不能痛切自覺到愛，因為機器人沒有靈魂，故它不能有個覺，甚至是自覺。在本章裏，達爾文有意避開最顯著的許多本能不談，這是不敢公然討論他的學說，這種態度絕對不可取，可以說是卑鄙，這證明他的學說不堪一擊。

我飼過不少雞，可以說我是飼雞專家。母雞入孵時很難打醒牠。一般鄉下農婦通常是從母雞翅上拔下一根大切風羽，給橫貫在母雞的鼻孔中，兩邊各伸出幾寸長，用以干擾牠的視線及鼻中鼻上鼻前的全盤感覺，這種干擾很嚴重，兩三天便奏效醒過來，不再如夢般死孵。目前我還飼有五隻雞，有一隻老母雞，有十多歲了，大概是去年，牠生了一個卵，便入孵了，真是廢寢忘食，卻再也未生第二個卵，實在令人覺得好笑。生一個蛋就入孵，所謂入孵就是進入孵的狀態的意思。但你得體諒牠，牠老了，能夠生得一個蛋，對牠來說，是天大的喜事，怎能不入孵呢？這隻老母雞，我們父女生怕牠餓死，潑水、棍擾，無所不用其極，牠勉強吃些，又蹲回去（空窩）。我記性不好，日記有記載，未翻日記不能確定，牠大概孵了近兩個月纔醒過來。我寫出這件實事，以對抗達爾文本能消失之例。

目前飼雞場的生蛋雞，絕對沒有入孵的空間，只有天天下蛋，像乳牛一般，雖無小犢，也天天出乳汁。按照目前生蛋雞種的情形，放牠回自然界，是不孵蛋而絕種呢？還是會恢復有限產卵而孵卵的本能呢？這須得做個實驗。我想，牠會恢復舊本能，那個環境是正常的環境，不是被設計的環境。

龜產卵而不孵卵，因為牠是冷血動物，孵也是白孵，牠的孩子們因此也不需要像哺乳動物或鳥類的體溫那樣的溫度纔能夠孵化。玳瑁，一種大海龜，三、四年產一次卵，牠們爬上海濱的沙灘，挖個坑洞將一、二百個卵產下，再蓋上沙，就這樣棄置不顧，而幼龜便自然孵化。冷血動物有冷血動物的好處。至於溫血的鳥類呢？因為母鳥有頗高的體溫，牠的孩子們便也需要這樣高的溫度方能孵化，否則生機便絕了。但鳥類的孵卵行為是怎麼來的呢？我們在前面已經討論過，這種行為有損於己，但憑自然進化，絕無可能。鳥類的孵卵，乃是出自天命，即造物主的意旨，賦予在靈魂中。如果母鳥是白癡，當然牠不會孵卵，因為靈魂不能駕馭白癡的腦。正常的母鳥，靈魂便會支使牠孵卵。據鳥類生理學的研究，鳥類孵卵時血液中流著某種激素，如果沒有這種激素，牠便不會孵卵，這是當然的事。如果腎上素分泌不出，這個人便無法發怒，要這個人發怒，一定要激發他的腎上腺分泌腎上素。誰激發它？是靈魂。鳥類的孵卵亦同。公鳥也會孵卵，也有公魚負責護卵育幼的，雄海馬且會懷胎。這是另一式設計，自然進化不足以解釋這種現象。故生物體制有兩套機制。靈魂降駐該生物體時，便立即認明其體制的全部機制了。人類的父母愛終生不渝，動物有同類愛，人類甚且有同類外的愛，這些全已超越在體制的機制之上，專屬於靈魂的秉性了。有人做了實驗，老鼠的飼料中剔除掉錳，實驗者發現該缺乏錳的老鼠失去了母愛，此人遂斷言，母愛就是錳。這是愚蠢的判斷。失去氧動物就沒生命了，那麼依此而推，氧就是生命了？按營養學告訴我們，缺乏錳，人會心神恍惚，記憶力衰退，故除去錳，會造成母鼠不關心子女。生物體是一個極精密的構造，就像一部車，要一切無缺，纔能運轉自如，再優秀的司機也無法將一部有欠缺的車駕駛得十分好。靈魂之於生物體亦同。在酒精與性的猛烈刺激下，一個無智識的下階層男人，極可能連自己的女兒都會成為其洩慾的對象，這能怪靈魂失性嗎？故古希臘哲人柏拉圖以擺脫肉體為靈魂的終極解脫，而《老子》也說：「吾有大患，為吾有身。」讀者請在這個論點上參究，便能看出自然進化論的淺薄。朗格（F. A. Lange）寫了一部《唯物論史》，加以批駁地說：「感覺與神經之間有一道不能跨越的鴻溝。」機器人儘管有全套神經一般的反應，終究沒有感覺，動物如果純由物質構造而沒有靈魂駐在，牠可以有整套神經反應，卻不能有感覺。感覺、意識、感情、意志、理性、理想，這都超越在肉體機制之上，屬於靈魂，但有肉體基礎。自然進化論站在唯物的立場，在未研究論題之先，便已排除論題中可能存在的事實，這不是實事求是，而是推行成見，這不能算是學問，更不能算是科學。

我們再回到雞孵卵的論點。如果雞不孵卵呢？這是不堪想像的事。雞不孵卵，則產卵也是白產，雞卵不會像龜卵那樣自然孵化，終究不是被別的動物吃掉，也會自然腐壞掉。因此雞非孵卵不可，否則只一代雞便要絕種。就因為雞不孵卵便會絕種，因此自然進化便在進化出雞產卵的同時，也進化出雞孵卵的本能來了嗎？讀者你以為這是神話呢？童話呢？還是科學？其實主張進化論的這班人（包括達爾文）是在掩耳盜鈴，在自欺欺人，他們換湯不換藥，他們把「神」或「上帝」或「造物主」換稱做「進化」，便自以為是科學的了。有這種事嗎？盲目無知的所謂自然，居然明目而有知地達到了這種神乎其神的境地？我們真真不解，這班人居然自欺得成，而且欺人也欺得成，這真是一件不可理解的事。但想起安徒生那一篇〈國王的新衣〉的童話，便全可明白了。

雞孵卵，如果牠是原原本本去孵，是孵不成的，因為牠胸腹下的綿羽是絕緣物，母雞的體溫傳不到卵上去。因之，雞孵卵時，胸腹下的綿羽會自動脫落，如果脫落不乾淨，母雞會自動拔除，於是母雞赤裸的膚表便接觸到卵，亦即母體的體溫便傳入卵中。這是設計，自然進化會設計到這個地步嗎？

小雞孵化後，母雞會照顧小雞，無微不至，這便是我們在前面提到的最後一個問題：雞育雛。如果雞不育雛呢？當然這又是一個不堪想像的事。但雞何以會育雛？這問題跟雞何以會孵卵同，自然進化論無法解釋這個問題，跟雞孵卵相同，雞育雛也是設計，同是出於天命，即出於造物主的意旨，賦在靈魂中。育雛對母雞自己是大不利的。如果說那是一種維護種族延續的行為，出於自然演化的基因設定，跟雞的孵卵同。那麼這裏便又要涉及機率問題，這裏得有好幾層設定。先不問第一代產卵雞的來歷，我們只問第一代產卵雞該設定有多少隻。一億隻？這是不可能有的數目。十隻？假定是十隻。這第一代十隻產卵雞中，至少得有一隻牠的基因在上一代生育牠時碰巧組成能孵本能的設定。讀者該還記得我們在本書第十六節討論由阿米巴進化到馬的機率罷，在機率上，十隻實在是絕對不成數目的數目，即使假定碰巧命中，那麼這同一隻雞，還得也同時命中育雛本能的設定，這種機率不會出現在事實世界，如果一定要主張能出現，那麼它是會出現在神話世界或童話世界或達爾文的書上。談進化，先得問有可能或無可能。像嬰兒嘴與乳頭，陰莖與陰道，性細胞染色體雌雄的各減半分裂，以及此處雞孵卵雞育雛的本能，這些事例都不是有千萬億機會提供給自然選擇來汰選，這些事例，全是一對一的對決，不可能提供超出一以上，即二乃至億萬的機會。「在生物體中，變異會引起輕微的改變，生殖作用會使這些改變幾乎無限地增加，自然選擇會以準確無誤的熟練將每一次的改進挑選出來。讓這種過程進行幾百萬年，每年作用於幾百萬個許多種類的個體，這種活的光學儀器會造得比玻璃製品更好。」（《物種起源》頁二〇五、一行）「進化需要億萬年，並不是要花這麼長久纔可首次建立有機體，而是要在長期中形成並試驗無數萬億的遺傳因子，以至發展出正確合用的種類。」「有機體的進化，是靠嘗試錯誤的。遍試各種可能性，讓不行的事物自動滅失，總有一天會發展出許多行得通的事物。」（分別見於 G・R・哈里遜著《人類的前途》九十頁、二百五十頁）這是達爾文和他的徒子徒孫永遠未醒的一場夢而已。

鱷魚是冷血動物，當然不孵卵（如果是出自自然進化，不能排除牠會傻呼呼地去孵卵——依據進化論的意想），牠把卵產在水平面以上的土堆上再加以覆蓋，天熱了就在上面撒尿以降溫。小鱷孵化時發出尖銳鳴聲，母鱷便從數公尺外的守護處趕去，將出殼的小鱷啣在口中，雄鱷也趕來幫忙，一口可啣六隻小鱷，然後帶到沼澤中。無論孵化中或孵化後，父母鱷都一直護衛著，直到小鱷能夠自立。這些本能，當然是天命如此，說是自然進化，便是匪伊所思了。按依據自然進化論，爬蟲類是自魚類演化出來。那麼依此推，魚在水中產卵，爬蟲也應該在水中產卵，但如玳瑁，一生生活在大海洋中，產卵時卻爬上陸地將卵產在海水不到的沙灘上。鱷魚也將卵產在水面以上的土堆上。這個改變在自然進化上是依據什麼機率汰選出來的？而且這種本能並不是單方面的。因為爬蟲類是肺呼吸，不是鰓呼吸，牠的卵當然浸不得水，以雞卵為例，雞的卵殼上有六千至一萬一千個氣孔，雖然水有張力，空氣能進出，水也能進出，卵內容浸了水立即起分解，而且空氣便不能再進出，胚胎便不可能再有生理（存活的道理）。因此肺呼吸和卵的設計，須得再配合將卵產在陸地上的本能纔能成功。那麼這三配合是自然進化汰選的結果嗎？再愚蠢的人都會覺察到這種說法是無理的，會覺得世上怎可能有這種人，何況還是打著科學旗幟的所謂科學家？這種缺乏良知的「人格」，實在太可怕了。

造塚鳥 (mallee fowl)，也寫做築塚鳥或營塚鳥，產於南澳洲。雌鳥每週產一卵，卵產在土坑中，坑深二、三呎，直徑約十呎，是雌雄二鳥合力挖出來的。坑中填滿樹葉、細枝和樹皮，使腐化生熱，達到攝氏33°，雌鳥便下第一個卵，雄鳥便扒開表面，將卵擺好，然後重新鋪平。

雄鳥負責管制坑的溫度，初春樹葉、細枝、樹皮腐化得快，早晨牠便掀開遮蓋，讓空氣流通，降低溫度。夏季在樹葉等腐殖土上加覆泥土，以避免陽光的直射熱力。冬季白天掀開遮蓋，讓卵曬曝，吸收日光熱。五十天後孵化。雛鳥必須自力從三呎下的覆蓋物中鑽出，大約要十五小時的工夫纔鑽得出來。雛鳥一出卵殼，羽翼早已豐，本來一出巢便能飛的，因為鑽出時持續用去了太長久的氣力，出巢後因為精疲力竭，無法飛起，便踉踉蹌蹌，跌跌撞撞，找隱祕處所藏身，約二十四小時內體力恢復，便振翅能飛了。造塚鳥不孵卵，理由是五十天的孵化期太長，非父母鳥所能堪。因為此鳥的設計是一出卵殼便能飛，故一週產一卵，卵特大孵化時間特長。以上我們看到了有許多配合，這是自然進化汰選所可能有的結果嗎？啊哈，良知啊，良知啊，對一般人而言，良知是任何時都是現在著，對某些人卻是從來不存在，我們只覺得可悲，此外還能說什麼呢？

造塚鳥跟爬蟲類同採自然孵化，這裏可看到造物主造物的來路或歷程，容後再談。

蛇也會孵卵，蛇是冷血動物，孵卵是徒勞，因為牠不能傳出體熱。其實牠只是在護卵而已。龜、鱷魚、造塚鳥的卵都是埋藏在地表下，蛇卵並未埋藏，不護卵，將被盜食一空。但小蛇孵出後，母蛇便棄置不顧，牠的任務（天命）已經達成了，小蛇已不再是不能逃避不能自衛的一粒粒的卵了。如果自然進化是地，那麼本能便是天，是自然進化不可階而登的。

犀鳥的孵卵和育雛又有一番方式。非洲犀鳥在樹幹的洞中產卵，雄雌二鳥內外合力用黏土將洞口封閉，只留一個遞送食物的小孔，以防被侵。雌鳥孵卵，雄鳥餵食，五週孵化，雌鳥啄破封口而出，小鳥剛出殼便能幫父母內外合力再將出口封好，只留遞送食物的小孔，待小鳥羽翼已豐，纔破封而出。我們不知道自然進化怎樣進化出這樣的本能來！

鄉下人家家養雞，母雞育雛的情形，人人知之。一旦小雞出殼已齊，母雞便將小雞帶出窩外，不停地以慈愛的連續單音集攏小雞，帶在身邊，為牠們搶開地面的被覆物，暴露出被覆物下的各種蟲類，其中以白蟻為主，小甲蟲為副。小雞一出卵殼，待身上的絨毛乾鬆，便能啄食搶食（這又是一個本能），牠們的視覺不必經過錯誤嘗試的修正，便能正確地判定目標距離的遠近。母雞身邊帶著小雞，性情變得異常敏感，對周遭的動靜十分戒備，一出現異物便趨前攻擊，牠攻擊自天而降的老鷹，自四面逼近的貓狗蛇鼠，人類除主人外，也在被攻擊之列。如此把小雞帶到進入中雞的初階段，纔會放手令子女自立。這種本能全是犧牲的行為，我們已經指出過，由達爾文的生存律演化不出來。二十世紀達爾文的徒子徒孫們，因此不得不將這類本能巧立名目歸為利他行為，解釋為為了延續種族而進化出來的一個成功的本能。我們在前面已一再論過，談自然進化，得先問有可能無可能，有可能纔能談，若無可能，即使使用瀰天巧辯也無補於事實。

杜鵑也是一個很好的例。杜鵑以中型鳥產小型鳥的卵來冒充寄主的卵，這是一個違背自然律的無理事項。中型鳥只能產中型的卵，不可能產小型的卵，這是體積所預先決定的，如果生物是出自自然進化，自然進化不能違反自然律。而事實還不止於此，母杜鵑還會將寄主的卵丟棄，為什麼？而且小杜鵑出殼後也會擠掉寄主尚未孵出的卵和已孵出的鷇（幼鳥），為什麼？因為杜鵑是中型鳥，牠要順利長大到牠應份的體格，需要吃下寄主的幼鳥五隻甚至十隻的食物量，不排除寄主的卵或幼鳥，有可能達成這個目的嗎？而這是自然進化「處心積慮」推演的結果嗎？單靠機率和汰選，此事的可能性有嗎？這是沒有的事。

蜂類中也有將卵產在別的蜂巢中的例。達爾文對這種蜂做了如下的解釋：「這種蜂隨著牠們的寄生習性，不但改變了牠們的本能，也改變了牠們的構造，牠們不具有採集花粉的器具，如果牠們為幼蜂貯蓄食料，這種器具是必不可少的。」（頁二九〇、末行）達爾文的解釋正好倒果為因。真相是：因為這種蜂「不具有採集花粉的器具」，靈魂覺察到這一事實，乃不得不將卵產在別的蜂巢中，因為牠沒有養育幼蜂的能力。由於本能的改變而牽引到體制構造也改變，這種說法是達爾文的童話典範，他的幼年童話教育的思維模式，永遠長不大的達爾文！

爬蟲類一出卵殼便能營生，老天接在爬蟲類之後創造鳥類，造塚鳥大概是第一式，因此被造成一出卵殼便能飛的模式——爬蟲模式。造塚鳥大概是第一式的孑遺。其後的地上鳥屬第二式，如雲雀、鵪鶉、雞、鴨之類便是。第二式的卵大小介在造塚鳥與樹上鳥之間，孵化時間也介乎二者之間，是父母能堪受的，因此採用母鳥孵卵的方式，而不是造塚鳥自然孵化的方式。但因為卵小了些，小鳥出殼時，還「未足月」，羽翼未豐，不能飛行，身上僅被有絨毛，雖已開目，能行走，仍須父母的攜帶照料，這是第二式。樹上鳥是第三式，卵更小，以便母鳥飛行時不至成為過大的負擔，孵化的時間更短，因此更「未足月」，小鳥出殼，赤裸無絨毛，也未開目，更不能行走，這是第三式。這三式和其他創造，同是無中生有的創造。筆者所以特意突顯這一事實，是要讀者更能直覺到造物主創造的實況。

蜾蠃蜂類，築巢、捕青蟲、打麻醉針劑、產卵，這四聯行為都不是自然進化進化得出來的。這裏是自然進化論的四聯難題，而鳥類也有築巢、產卵、孵卵、育雛的四聯難題（包括一般地上鳥、樹上鳥、崖壁鳥）。

已登錄鳥類近一萬種，絕大多數都是飛鳥。依照自然進化，不止築巢、產卵、孵卵、育雛的四聯本能，其飛行的本能也得每一種都得經過億萬機率的汰選，而汰選的結果則是一萬種一個模式，這不奇怪嗎？鳥的飛行本能也是自然進化論的一個無尾巷，我想這不用再討論了。最奇特的無如黑燕鷗 (sooty tern)，新鳥一離巢便一直在天空中飛行，從此三、四年間不著陸，也不著水，要等到生育時間到了要築巢纔再著陸，這樣的本能，自然進化如何可能？

自然進化論的難題本能的事例，俯拾即是，達爾文卑鄙地避開來不談的事例，這裏我們僅舉出其千萬分之一的實例。世間無不散的筵席，當然也無不終結的論題，此一論題到此打住，相信自然進化論在這論題上業已重創不起，筆者在這裏再以論母愛與孝道的小論結束本節，為自然進化論奏入殮的哀歌，達爾文自此安息罷！

按母愛是為護幼設，是老天所定，故母愛通於一切動物，乃是屬於動物性的本能——甚者在植物體制上也是如此設計，我們分為體制本能和行為本能兩種。母愛是向下的，是種族延續的本能。但人類除向下的愛即母愛而外，還有一個逆向的，即向上的愛，這個愛，通常名為孝，這個孝因為是逆向向上的，故在動物本能中為無有，亦即孝從動物性中求之不可得。孝超越動物本能超越動物性，它是人性的，因為它是逆向的，是悖逆自然之理，因之更證明它為非自然進化所能演成。自然進化論當然看不到這個問題，遑論討論。但如朱里安・赫胥黎卻有很高的企圖，想給人類精神文化建立自然進化論的基礎，他的《進化之運作》一書便是這個企圖的落實之作。我們這裏不打算加以討論，從石溪紐約州立大學生物學教授 Bentley Glass 一句話「說不定全部人類價值是出於自然選擇」，很可以概見朱里安的該書。

自然進化論斷言，鳥的翅膀是自爬蟲的前肢演變而來。試問：昆蟲的翅膀是由什麼演變而來的?人要信口開河很容易,但經不起詰問。

附錄:

「幾年前觀察過一隻母白頭翁鳥,這位母親,帶著新雛習飛時遭遇了困難。一隻小白頭翁落入樹下的茂草中去了,二耳草有一尺來高,小白頭翁一落入,不可能有機會飛得出來。母鳥一直在樹枝上喊叫,小鳥在草中哭泣,看也看不見。我散步到了那裏,好意想幫幫忙,母鳥誤以為『將不利於孺子』——以為我要捉小鳥,先是急得啃啃嚷,後來竟發出受傷的慘烈聲,裝著跛腳瘸翅的樣子,從我的前面半飛半跌,跌到另一方的地面上去,那裏沒有草,可以很清楚的看見牠。我知道牠想拿腦容量那麼小的小動物來騙腦容量大的人類,故意要逗逗牠,於是追了過去,裝著要俯身去抓牠,牠便在百分之一秒間完全痊癒了,輕易地又飛上樹去了。」(見拙著《田園之秋》〈初秋篇〉九月十五日)

這一段敘述,一個聰明的小孩子聽過之後一定會發問:母白頭翁為什麼要裝跛裝瘸呢?這正是問題之所在。如果母白頭翁會說話,問牠為什麼要裝跛裝瘸呢?牠會毫不思索地回答:我要引開食肉動物啊!再問牠要引開食肉動物為什麼就得裝跛裝瘸?牠這回便茫然答不出來了。可是聰明的小孩子可答得出來:因為一隻跛瘸鳥,無法逃脫食肉動物的追逐,食肉動物一定會中計,捨去小鳥來追逐母鳥,這就會將食肉動物引開去,小鳥就可以解除被吃掉的惡運了。的確是如此。但是母白頭翁沒有跛瘸難逃的經驗和智識，食肉動物當然也沒有，牠們怎麼會發出和知道一樣的後導行為來——跛瘸難逃是先導智識。這先導智識，正是自然進化論大廈的沙基，沙地是無法築起任何建築物的。達爾文只有形態生物學智識，而沒有生態生物學的智識。很遺憾，一個無知的人，由於無知，無可避免地一定會陷於自以為是的境地。《物種起源》正是一部無知的著作，由於無知而自以為是的著作。動物界的先導智識處處可見，這些先導智識存在於靈魂中。沒有靈魂的自然進化無法解釋這項事實。母白頭翁不知道有這個先導智識，牠的靈魂卻知道。一切本能皆有先導智識在，否則便沒有本能的行為。但達爾文的徒子徒孫卻有一套解法。J. Z. Young 說：「生物能作出『明智』選擇，是因為它的 DNA 使它具備各種感受器，因而能對可能發生的各種改變作出適當反應。」（見《脊椎動物通論》第三頁）顯然先導智識超出感受器整系列反應之外，因而無法納入 DNA 內涵中。這裏的反應是出自靈魂，沒有靈魂的設定，先導智識便沒個安頓處。但張之傑先生（筆者神交多年的生物學家）卻有一段代表自然進化論的總概括性的斬釘截鐵的說法，他說：「一個生命，自受胎以至生老病死，其間歷盡了多少悲歡離合，但是做為生命基礎的 DNA 卻是『以不變應萬變』，他所貯存的浩瀚的資料，足以應付一切可能發生的變局。數十億年的生存經驗，一點一滴的銘刻在 DNA 上。」（見其所著《生命》一書第二十六頁）張先生當然知道後天習得不能遺傳，否則愛因斯坦的子女將個個都是愛因斯坦的翻版，我們每個人所讀的書和所經歷的「悲歡離合」，都會遺傳給我們的子女，而我們前此的所做所為，在我們的子女面前將一一無所遁形，則不止同一個人一生會「不貳過」，人類也不會一代代重複前人的愚昧與錯誤甚至是罪行。那麼很明白，張先生的意思，定然是寄在：DNA會因為有億兆次甚至是無數次的起突變，其中有些部分正符合了我們的「悲歡離合」的最佳反應，因而被保存下來，這些被保存下來的訊息都保存在DNA「浩瀚的資料」庫中。但是這種解法仍然未觸到「先導智識」。那麼依據這種解釋，母白頭翁的佯裝只是一種單純的反應而已，完全是碰巧碰出來的本能。現代智識一日千里，筆者一介僻壤窮儒，還不知道最先進的電腦是不是全然不需要第三者，即人類，給輸入程式，而能由完全空白，「一點一滴」自己輸入反應程式，如果有這樣的電腦的話，張先生的意想是可以肯定的。到目前據筆者所知，電腦一定要有人給輸入程式，否則它不能有反應。同理，人腦也是一部機器，沒有一個第三者輸入程式，當然也是不能有反應的。那麼這個在千千萬萬動物腦中輸入程式的第三者是個超越者乃是自明的，祂絕對不在物之內，祂，我們一向稱為神、上帝、天或造物主，而祂所輸入的程式，便叫做靈魂。其實靈魂不止是程式，它本身乃是一個「體」，一個完全的存在，程式只是它的表現。

六一、本能的屈伸

家養下的本能有時被說成完全由長期持續的以及強迫養成的習性所遺傳下來的動作；但這是不正確的。（頁二八四、八行）

因此從極野的到極馴服的性質的遺傳變化，至少大部分必須歸因於習性和長久持續的嚴格圈養。（頁二八五、四行）

冠學按：這兩句話見於同一段，前句為這一段的首句，後句是這一段的末句。這兩句話顯係自相矛盾，但達爾文很愛耍弄邏輯上全稱、偏稱這種似是而非的把戲，前句他冠以「完全」二字，後句冠以「大部分」三字以示無矛盾。這種伎倆往往可用以使詐而且很容易得逞。

馬戲團裏的大象、虎、豹、獅，在野生環境中是很可怕的兇猛動物，在馬戲團中，牠們的靈魂是被撫順了，並不是牠們失去野性的本能。人的野性有時候也很難馴，可見本能總是本能，可能一時被安撫，被壓抑，它終究還是存在。求生存是生物最基本最強烈的本能，但自殺者克服了它。我們看到本能被壓抑被克服，便說本能消失了，這是皮相。

六二、本能是什麼？

在這一系列裏，處於極完全的蜜蜂蜂房和簡單的土蜂蜂房之間的，還有墨西哥蜂的蜂房。（頁二九七、倒四行）

冠學按：達爾文談本能，蜜蜂是他所舉的一個實例，他專談蜜蜂蜂房的正六角形。達爾文以為蜜蜂正六角形的蜂房也是級進而來。但據筆者在臺灣山野所見，大至最大的虎頭蜂、小至最小只有零點八公分的迷你蜂，牠們的蜂房全是純正六角形，目前筆者手上還存有一大一小的蜂巢。

我們要問，蜜蜂進化到能造出純正六角形蜂房，為什麼土蜂和墨西哥蜂還一直在原地踏步？按照達爾文的自然選擇，只要適於生存便能夠被選擇，蜂房的圓形或六角形，跟適於生存毫不相干。這裏我們發現達爾文根本已經忘記了他採自斯賓塞最適者生存（the survival of the fittest）而改稱為自然選擇的生存律，這個生存律他完全忘記了，因此他纔會在蜂房上做文章。我們要問的倒不是蜂房的形狀，我們要問的是蜂何以會造蜂房或蜂巢，就如同我們要問鳥何以會築巢一般。而這個築巢或築蜂房的本能是怎樣來的，達爾文卻一字不提，他不止在逃避問題，且是在引開問題，我們一再指摘達爾文卑鄙，這裏又見一端。

鳥、蜂、蟻何以會築巢？蜘蛛何以會編網？當然這是本能。可是這些本能是怎麼來的？達爾文隻字未提，達爾文的徒子徒孫也全避開來緘口不談。自然進化論在本能上，面臨一對一對決的困境，這裏根本不存在機率問題。自然選擇是立足或者說是活在極小的機率之上的，而本能卻是一分之一或百分之百，亦即它是整一，這裏自然選擇無立足處，即沒它存活處。鳥、蜂、蟻這些本能全是出自靈魂的靈知，至於築巢的材料和築巢的形式，便要兼看鳥、蜂、蟻的體制而定，體制終究是靈魂的工具，什麼樣的工具做什麼樣的工，這是一定的。體制本身也是一套本能，比如鳥的歌聲曲調，存在於體制中，不存在於靈魂中。蜘蛛所以會編網，是牠肚子裏備有絲液，靈魂一附入蜘蛛的身體，便覺察到造物主備絲液的用意，於是便應用來編網（限於母的）。靈魂一附入鳥的身體，便覺察到造物主備雙翼的用意，於是便應用來飛行。鳥的身體，依照造物主的設計，生殖機能逐漸成熟（人類亦同），於是靈魂便行使交配、築巢、孵卵、育雛。蜂也是如此，自飛行至築巢、產卵、育幼，都是身體與靈魂的配合。本能是體制的設計與靈魂的靈知的合璧（合拍）。此事奧妙之至，這是自然進化依憑極小的機率能夠達成的嗎？真是癡人說夢！

談到本能，自然進化論寸步難行，談到體制何嘗不如是。達爾文無法面對，不是避開來不談，便是轉移論題，似是而非地假冒來欺瞞讀者，卑鄙之至！

這裏舉二、三實例，和讀者一起來討論。無毒的蛇咬到獵物便咬緊不放，如果獵物是有力掙脫的，除咬緊外，還用蛇身給蜷住，加以勒死。有毒的蛇咬到獵物隨即鬆口，讓獵物脫離，等獵物毒發瀕死或已死再加以吞噬。顯然毒蛇的本能知道獵物終究無法逃脫，因此不必白費氣力去咬住牠或勒死牠。而無毒的蛇的本能則知道自己無毒，獵物一經逃脫，便無奈牠何。

蚊子、蛭和吸血蝙蝠都是吸血鬼，牠們會分泌抗凝血素，令血主的血不能凝固，以便好吸。

讀者你以為這些體制與本能的配合，是出自造物主的設計呢？或是自然進化偶然的巧合呢？如果生物是自然進化而來，一切生物全是偶然的巧合所產，那麼偶然的巧合不嫌太多了嗎？

六三、偶然與必然

如果小型的工蟻對於蟻群最有利，那麼產生愈來愈多小型工蟻的雄蟻和雌蟻必將不斷被選擇，直到所有的工蟻都成了這個樣子。（頁三一一、四行）

我雖然完全相信自然選擇，如果不是有這等中性蟲引導我達到這種結論，我決不會料到這一原理是如此高度有效。（頁三一二、倒三行）

冠學按：談到螞蟻，達爾文依然避開本能的來歷不談，只輕輕地用「結果只好相信這些本能是通過自然選擇而被獨立獲得的」（頁三〇七、九行）一句話帶過，卻用大篇幅專談中性蟻體制的來歷（頁三〇七至頁三一二）。

漢醫學應用陰陽五行說來解釋病理和藥理，通行兩千年，無人異議，但未必是真實。達爾文用自然選擇說來解釋物種的起源，風行一個半世紀，迄今不衰，它可能是真實的嗎？亞理斯多德許多方面的學說（包括生物學）統治歐洲思想近兩千年，纔被近世科學部分推翻（特別是有關自然科學方面），達爾文學說能垂之多遠？

達爾文避開本能不談，而轉移目標大談體制，他說：「我要專門討論一個特別的難點，這個難點，當初我認為是解釋不通的，並且實際上對我的全部學說是致命的（達爾文故意誇張，用以收反襯的效果——冠學）。我所指的就是昆蟲社會裏的中性的即不育的雌蟲。」達爾文把中性蟲（包括工蜂、工蟻、兵蟻之類）歸於偶然產生通過自然選擇的演進，即本節所引頁三一一、四行的敘述。如果偶然可以產生這種中性蟲（一如一切生物），他這個解釋是可以成立的。如果偶然不可能產生這種中性蟲，他這個解釋當然便不能成立。問題便出在他這個假設上，這個假設永遠只是假設而無法證實。巴士德發現細菌以前，歐洲人認為生病是鬼作祟，古代中國人也有二豎之說，現在我們都知道是病菌病毒作怪（當然有些病是基因出了問題或有其他因素）。因此一件事的真相很難大白。

按像蜜蜂和螞蟻這一類群體動物，乃是造物設計最明白的例，達爾文有立場，當然無法客觀地看到這種事實。他主觀地用自然選擇來解釋，而後再主觀地自我讚歎自然選擇的高度有效。像這種主觀的論斷與認定，外人很難進入，故最後便成了公說公有理，婆說婆有理，全無公是之可言。學說的倡立，也避免不了這一格套，達爾文乃是一個最極端的例。

一個蜂群或蟻群，乃是一個高等動物的變體，雌雄蜂或雌雄蟻，等於是高等動物的生殖細胞，而工蜂或工蟻則是高等動物的體細胞，合為一體，可當做一個單一高等動物來看待，如斯而已。這樣地來理解，一清二楚，用不到繁雜地解釋得天花亂墜。

六四、雜交、中性蟲

變種，即知其是或信其為出自共同祖先的類型，雜交時的能育性，以及其雜種後代的能育性，對於我的學說，是跟物種雜交的不育性，有同等的重要性的。因為這是在變種與物種之間劃出了粗而清楚的界線來了。（頁三一六、九行）

無論不育性或能育性，都不能在物種與變種之間提供任何確定的界限。（頁三一八、四行）

冠學按：達爾文的斷言，只隔一頁，便自己否定了自己。

不同物種之間存在著某種程度的不育性乃是普遍的自然法則。（頁三一九、倒五行）

這裏我們看到，兩個不同物種的第一次雜交，便得到完全的或者甚至比普通更完全的能育性。（頁三二〇、一行）

冠學按：達爾文在同一段文字中，便出現前後矛盾的說法。按同屬的動植物較易雜交是事實。不同屬有時也能雜交。

按老天造物，種的區隔有輕區隔、中區隔、重區隔三類。無交配意願，但經強迫交配，能生育，且其後代也能生育，這是輕區隔；無交配意願，經強迫交配，能生育，但其後代不能生育，這是中區隔；無交配意願，經強迫交配，不能生育，這是重區隔。至於絕對無交配意願的，則為絕對區隔，這已超越種屬科目，為異類生物，強迫交配為不可能。在自然界，植物的輕區隔幾乎不存在，在風媒、蟲媒的作用下，植物的交配意願一向是被抹煞了的。在自然界，動物的輕區隔是如實存在的，但偶有雜交的情形，這裏便可能形成中間新種，但這不是達爾文所主張的進化，所謂物種起源那一類的新種。達爾文所主張的物種起源，是他所意想的微變累積（經自然選擇），這種物種起源的所謂新種是不存在的。從種區隔的輕重，可以看出生物在造物上的親緣關係。至於絕對區隔，已為異類，便絕無親緣關係之可言。故種別的分類，在尊重老天的用意上，應該以意願為取決條件，凡是無自然的交配意願的，便是一個獨立的種。如此取決，種的區分便非常明確了。但有例外，那便是人類及其家畜，這裏意願的區隔，往往被其他因素所亂，要清除其他因素之後，明確釐清出純粹意願來，纔好認定。其實外形上（包括皮毛膚表的顏色）種的區分也頗為明白，似可做為一個有力的參考。但生物界往往有外形混同神似的異類，這裏老天另用氣味、光閃、鳴聲來區分。人類的語言能不能當鳴聲來看待，這是一個極有趣的問題。

附說明：臺灣新聞報導，有男人強姦母牛、火雞等事，這種意願大不純粹。又西洋古史，有大將出征，班師回家後，在床第上為家養大犬所殺的記載。女人與公狗苟合之事，似乎並不是很稀有的新聞，這種意願也是走了樣。種之下還有族的區分，人類的語言，一般是當做族的區分指標，而不是種的區分指標。但在自然界，鳴聲卻是種的區分指標。

> 家狗是從幾個野生原種傳下來的，差不多已可確定。但除了南美洲若干原產土狗，所有家狗互相雜交，都十分能產。（頁三二三、六行）

冠學按：達爾文這個講法，我表贊同。現行大學生物教科書，一致認為全世界的家狗出自同一野生祖先的野生狗，這種講法很難讓人信服。他們一致認為吉娃娃和狼犬是同種，而狼犬和狼則不同種。後面的講法我們贊同，前面的講法無人能贊同。他們以一條呆板的法則做為衡量的標準，認為能交配生育則為同種，不能交配生育便是不同種。這是莫大的錯誤，這是將種的輕區隔包攬為一的不當講法。

有人認為狼是一切家犬的祖先，這種觀點應該不能成立。

除非放棄物種在雜交時的普遍不育性的信念，否則就得承認動物的這個不育性並不是一種不可消除的特性，它是可以在家養下給以消除的。（頁三二三、倒五行）

冠學按：在家養下打破種的天定輕區隔，應該沒有什麼困難。但要打破中區隔，尤其重區隔則是不可能的。

考察自然選擇對於物種互相不育是否有作用時，最大的難點在於從稍微減弱的不育性到絕對的不育性之間還存有許多級進的階段。（頁三三一、末行）

經過深思熟慮之後，我認為這種結果似乎不是通過自然選擇而來。（頁三三二、六行）

我們有確實的證據，表明關於植物的雜交不育性，是另出於跟自然選擇完全無關的某種原理。（頁三三二、倒三行）

冠學按：這第九章〈雜交性質〉，達爾文原本打算納入他的自然選擇中，他越是探討這個問題，便越發現不是那麼一回事，終於只得宣佈此事跟自然選擇無關；換句話說，達爾文的學說自然選擇不能涵蓋物種起源的一切事實。

帕拉斯關於不育性通過長久繼續家養而消除的學說可以被接受（這幾乎是難以反駁的）。（頁三四三、八行）

冠學按：依帕拉斯的學說，全世界家狗非為同一種，即吉娃娃是一獨立種，狼犬是一獨立種，鬥牛犬是一獨立種，哈瓦那犬是一獨立種，獒犬是一獨立種，家犬應該出於許多原種狗，可以十分肯定。這個原理，還可回頭逆說下面的一項事實。

按據 Villee 的《生物學》教本第四十五章有這麼一段話：「在十五世紀初期，有一窩家兔被人放到波多山托 (Porto Santo) 島，這是靠近馬得拉群島 (Madeira) 的一個島。小島上沒有別的兔子，也沒有肉食的敵人，所以兔子便以驚人的速度大量繁殖。及至十九世紀，牠們的長相與牠們歐洲的老祖宗相差很遠。牠們只有歐洲親族的一半大小，身上毛色花紋也不相同，更喜好夜間生活。更重要的是，牠們已不能與歐洲品種交配生殖了。」按這是脫離家養狀況之後，逐漸返祖的現象。據帕拉斯的學說，正可倒過來逆說。不過這一段敘述的確實性還有待考察，因為牠們返祖後，顯現的是重區隔，不是輕區隔。

很有趣的另一項事實便是人類自身。人類有黃、白、黑等人種，在原始時代是否能雜交，很難說，但目前是可任意雜交的，這是否也是由於生活狀況的相同而導致的呢？按人類應該是屬於輕區隔。

> 關於不育的中性昆蟲，我們有理由相信，牠們的構造和不育性的變異，是曾經被自然選擇緩慢地累積起來，由於這樣的變異，可以間接使牠們所屬的這一群較同一物種的另一群更佔優勢。（頁三三二、十行）

冠學按：學說或學理被資料或時代所限，這是非常無可奈何的事。除了被成見所囿，資料愈多，時代愈後，一個學說的建立應該是更完滿完備的。

我這裏並不是要攻擊達爾文，下面將敘述達爾文所不及見到的有關中性蟲的資料，也可用來檢討達爾文的自然選擇法則的虛實。

據 Jean George 發表在《邊疆》雜誌一篇描述蜜蜂的文章，敘述一位柏勒帕羅法夫人的實驗：她拿走了蜂巢裏的蜂后、蜂蛹和蜂卵，留心觀察工蜂（即中性不能生育的蜜蜂）的反應。起初幾小時，蜂群（即工蜂們）並沒有因為蜂后的失蹤而有憂惶的表示。直到伺候蜂后的工蜂豎起牠的觸角，開始環繞著行走，跟附近一隻製蠟工蜂交換食物。製蠟工蜂鼓動雙翼嗡嗡作聲，走到另一些工蜂的身邊，同樣交換食物。這一小簇蜜蜂這纔發出悲哀的聲音，並且很快便傳遍了蜂巢的內部，於是整個蜂群開始震動，好像發了熱病一樣。過了幾個星期，柏勒帕羅法夫人發現一些工蜂匆匆忙忙跑過空無一物的保育蜂房，把尾部深深地插入蜂房的內部。然後，出現了簡直是不可能的、補救破壞的偉大力量——若干不能生殖的工蜂居然產卵了。擔任保育工作的工蜂簇擁著產卵的工蜂，用蜂奶飼養牠們。慢慢地並且很辛苦地，這些工蜂終於繼續產出了蜂卵——每天的數目是六個到八個（蜂后每天產兩千到三千個）。

多麼感動人的敘述啊，讀來令人熱淚盈眶！在滅種之虞的緊急狀況下，不會生育的工蜂居然產卵了！若達爾文趕得上讀到這一段實驗文字，必定會說，自然選擇曾經選擇過潛藏在不育性中能育性的蜂種。其實除了讚美造物主以外，還能對這一事實做什麼樣的解釋呢？

六五、達爾文自認自然選擇學說有困難

依據自然選擇學說，一切現存的物種都曾經與本屬的親種（原種）連結著，它們之間的差異並不比今日同一物種的自然變種或家養變種更大，而在今日業已絕滅的親種，同樣地和更古的類型連結著。如此追溯上去，常會融匯到各大綱的共同祖先。依此，一切現存物種和已絕滅物種之間的中間過渡連鎖，其數量可大到無法想像。但自然選擇學說如果是真實的話，那些中間過渡連鎖一定是在地球上生存過。（頁三五五、十行）

相信物種不變性的著作家們反覆主張地質學沒有提供任何連鎖類型。（頁三七三、九行）

我不諱言，如果不是在每一地質層的初期和末期生存的物種之間缺少無數過渡連鎖，對我的學說構成嚴重的威脅的話，我將不會想到在保存得最好的地質斷層中，紀錄還是如此貧乏。（頁三七六、二行）

冠學按：這裏引錄達爾文的三小段話，看出達爾文自然選擇學說的困難。

六六、企鵝

匹克推特教授在對本書的優秀書評裏，評論早期過渡類型，並以鳥類做為例證，他不能看出假想的原始型的前肢的連續變異會有什麼利益。但是看一看南方海洋（南太平洋）上的企鵝，這些鳥類的前肢，豈不是處在「既非真臂，也非真翼」這樣的真正中間狀態之下嗎？然而這些鳥類在生存鬥爭中都是佔據了牠們的優勝地位。（頁三七七、七行）

冠學按：據達爾文的自然選擇學說，由爬蟲要進化為鳥，爬蟲的前肢必定要經過微細的漸進的極其緩慢的，由腿腳向翅膀而變化。匹克推特教授的意思是，他看不出，在緩慢變化過程中的非臂非翼的前肢，能夠維持該生物的生存，即此種非臂非翼的前肢，將陷該生物於滅亡。但達爾文舉企鵝為例來加以反駁。

按企鵝是老天給放在無食肉獸之地，且全以魚蝦為食，既不必飛翔，而又須以翼為槳，故牠前肢纔以「非臂非翼」的狀態存在。若將企鵝一類型的鳥放在非洲草原上，能夠生存嗎？野兔的機警和奔走的高速度，讀者你認為牠是不是可以在任何有食肉獸的地區生存呢？不，非洲便是野兔絕跡之地，這是明證。何況一種非臂非翼的鳥，機警性及行走速率遠在野兔之下者，必然是要滅種，故這種鳥無法想像能夠在一般地區生存下來。牠是老天的特意創造，乃是很明白的。而達爾文認為企鵝「非臂非翼」的前肢是中間狀態，亦即是由爬蟲到鳥類的中間狀態，那麼現代萬種鳥類是由企鵝過渡而來的嗎？始祖鳥也是經由企鵝過渡而來的嗎？

按據現有鳥類，可看到老天創造鳥類時，分為以下四類：企鵝一類，雞一類，樹上鳥一類，空中鳥一類。企鵝分布自南極至加拉巴哥群島，牠是獨特的一類，以無食肉獸為唯一條件而分布。其中如皇帝企鵝，可忍受在 -48°C，風速每秒 40m 下，一連 115 天的絕食，這種超絕一切高等動物生存極限甚遠的生存力，被創造得至為驚人。一般鳥類新陳代謝率異常高，禁食兩日必死，人類也只能禁食七天，熊、山撥鼠冬眠是躲在洞穴裏的，而皇帝企鵝則毫不含糊地站在那裏，受攝氏零下幾十度強風的吹颳。雞一類包括一切在地面上求生存的鳥類，鴕鳥、孔雀、火雞、鵪鶉甚至雲雀、河烏皆屬之。樹上鳥一類是為數最多的一類，在樹上覓食、營巢。空中鳥一類，包括燕、鷗、一切海鳥、鷹及夜鷹。

六七、寒武紀大爆發

> 物種全群在某些地質層中突然出現一事，被某些古生物學家，如阿加西斯、匹克推特和塞奇威克，看做是反對物種能夠變遷這一信念的致命異議。（頁三七六、五行）
>
> 還有一個相似的難點，更加嚴重。動物界的幾個主要部門的物種，在已知化石岩層最下層中突然出現。（頁三八〇、九行）

冠學按：有名的「寒武紀大爆發」（寒武紀為約六億年前至五億年前這期間的地層時代），便是生物史上最特出的生物突然發生的例，有十門的動物突然出現於本紀，前此無跡可尋。自然進化論對這一事實，無法提出合理的交代，可是達爾文卻仍然主張物種起源於自然進化，且正式著書立說，這是屬於一種強盜行為。但達爾文對此有他的一套說辭，他認為在寒武紀以前理應有發展線索，只是目前尚未發現而已。當然這個推論是合理的，不過必須獲得證實纔行。只是直到一百年後，美國著名古生物學家 Simpson 仍然說：「幾乎記錄中，族以上的所有類別，忽然間出現，無法以已知的漸進的、完全連續的轉變順序加以追索。」可見一百年來地層發掘仍然得不到寒武紀大爆發的合理解釋。達爾文的推論看來只是推論而已。按寒武紀大爆發包含的生物，所有現今的動物類，除了脊索類動物之外，皆有化石發現。其中蘊藏的化石，有類似蜘蛛的形體，牠們的某些後代（如鱟），至今幾乎仍以原態生存。當時的海底，遍佈著簡單的海綿、珊瑚、長於莖上的海百合棘皮動物、海螺、雙殼貝、原始頭足動物、酸漿介類及三葉蟲。

其實依照自然進化合理地推，寒武紀大爆發之前應有前期生物存在，如果確實沒有的話，只好說是神的突然創造了。這裏有個觀念須先建立，像人類這樣高級的生物，便是神也無法無中生有地突然創造出來，舉凡一切構造複雜的生物，都是出於前此生物的基因工程的大改造。但較低等的生物，或為簡單的有機物之合成，或為由此等簡單有機物合成的生物再加以簡單的改進，其突然出現的情形是可以理解的。即使捨棄低等生物不談，自然進化論與神創造論的戰場，大可移在高等生物界。在這個高等生物界的戰場，自然進化論一下子便會敗下陣來。第一，一個完美的生物體，乃是出於基因的全盤設計上的，這個事實，自然進化論百口莫辯。第二，中間過渡物種的嚴重闕如，自然進化論怎樣辯解都無補於事實，這裏陳列著一個顯明的事實，即物種是不變的。無怪大生物學家奧斯本（Osborn）說：「達爾文雖出版了他的《物種起源》，但沒有人能確實知道一種動物或植物怎樣轉變成另一種。」（見其所著《生命之起源與進化》一書第二編第四章）如果物種是變遷的，即物種是由自然進化而來的，寒武紀大爆發應可推求出一個前期，而中間過渡物種，不可能絕對缺乏。這兩個問題若永遠無解，自然進化論便永遠不能成立。

Simpson 著有《馬》一書，據自然進化論者的說法，馬是進化系列惟一有各級化石的一個顯例。《馬》這一書，筆者還無緣看到。在臺灣，尤其住在窮鄉僻壤的南臺灣山腳下，圖書得來不易。但從他處看到的馬的進化圖表（請參看附圖），筆者覺得自然進化論者的頭腦也未免太疏漏了。試看那始新馬，即始新世的小型馬，肩高纔有三十公分，這種始新馬大小和普通兔子不相上下。這麼小形體的馬，有生存的可能嗎？以兔子為例，兔子是最輭弱的一種動物，連咬人一口都不大有可能，牠遇有危險，只有逃跑躲藏的份。當然馬的逃跑速度是無可懷疑的，但始新馬比起兔子來，卻是遜色多了。兔子連跑帶跳（牠後腳特長），超越草、枯枝的障礙完全沒有問題。這肩高三十公分的始新馬，無論在草中（草比牠高），在林下，牠的速度都只能達到兔子的一半。但兔子並不是單靠能跑善跳而得生存下來的，牠有大而長的耳朵，可以提前聽見敵人的接近，故牠的逃跑是有個預定的距離的，這樣的逃跑纔有成功的可能性。始新馬的耳朵又大大遜色於兔子，可以說，始新馬根本沒有多大逃跑的預定間距，待食肉獸

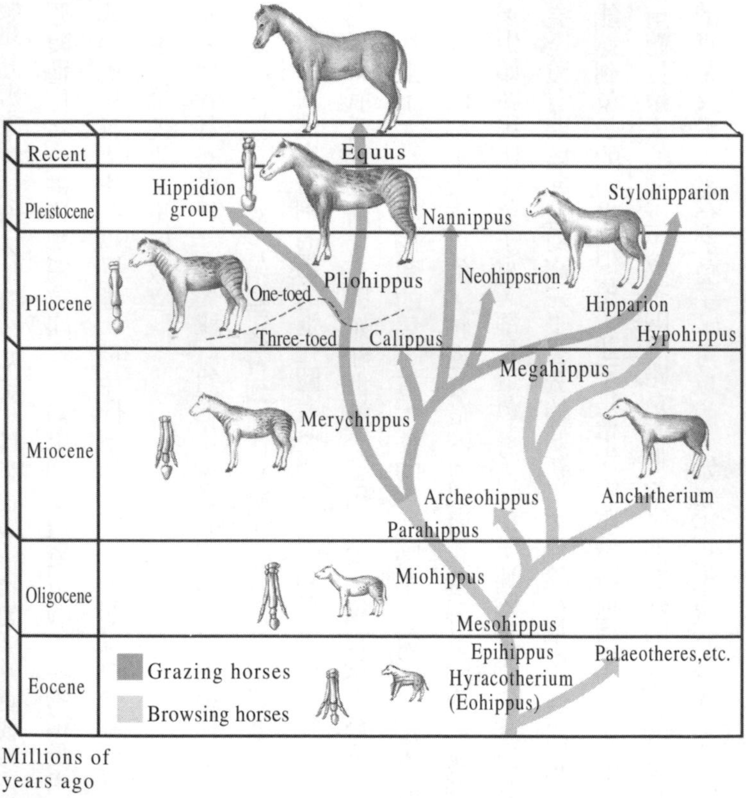

最下面的是所謂的始新馬，最上面的是現代馬。此圖是由各地發掘拼湊而成。所謂始新馬化石，發掘於美洲，而美洲則無現代馬，這豈不奇怪？現今美洲的馬，是歐洲移民帶過去的。

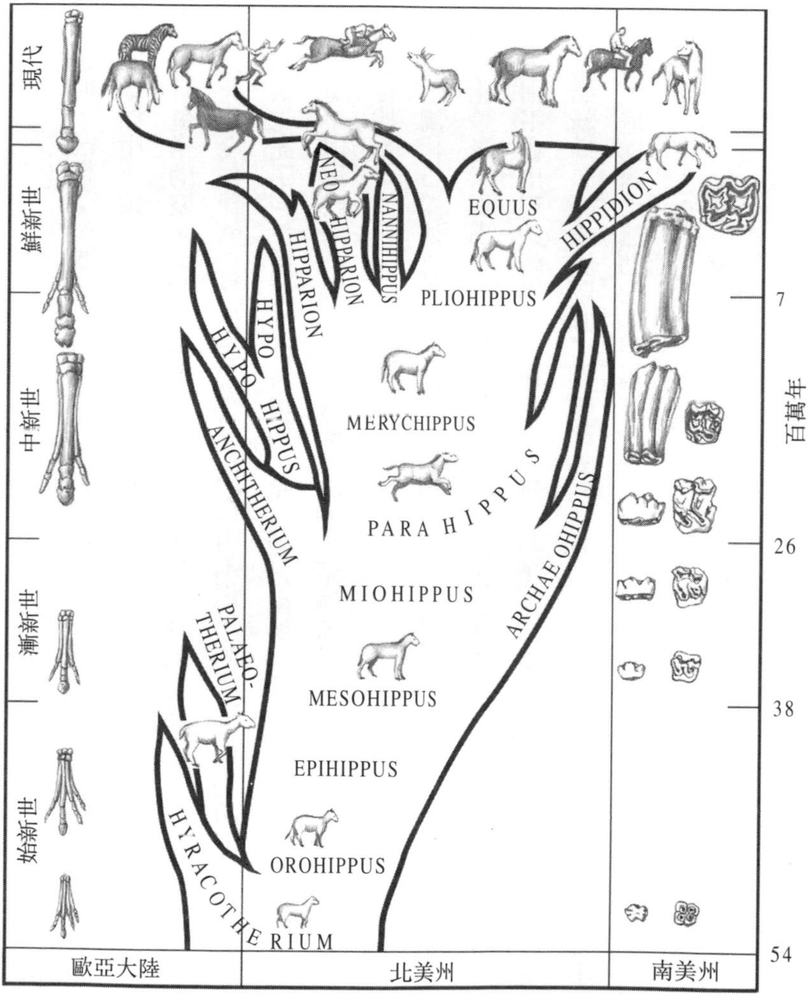

馬類演化圖表。其每一時代的四肢和牙齒的大致狀態見圖表的左右兩側。(據Stirton）依此圖表，馬類的演化，全在北美洲。

臨近纔逃脫，已慢了一步了。再次，狡兔三窟，兔子會挖地洞（限於穴兔），牠臨急了便鑽入迷宮似的地洞中，敵人無奈牠何。始新馬根本不會挖地洞，在這最後的關頭，又大大遜色於兔子。況且兔子的繁殖力強，馬的繁殖力極為單薄，牠果真能生存得下來，逐漸進化為大動物嗎？非洲便沒有野兔（有穴兔），因為非洲食肉獸都是高速的。原先時非洲一定是有過野兔，只是後來被吃光了。然而非洲卻有斑馬，牠可能是由始新馬進化而來的嗎？始新馬比野兔更軟弱，野兔早已絕跡於非洲了，牠獨能在非洲不絕滅而進化成斑馬嗎？牠在美洲絕滅不傳，這是鐵的證據。

一般所謂化石證據，是指的在同一地區的上下地層發掘所得，即一層深似一層發掘所得。但自然進化論者所提出的馬的各級化石是從地球上各地區雜湊而成的，問題便出在這雜湊的騙局，否則不會出現始新馬不合邏輯的事理。很遺憾沒能一窺 Simpson 《馬》一書的實際。

有關始新馬，請參看附圖，圖中的始新馬正被一隻食肉獸攫食。這是一幅進化論者繪製的重現圖，這樣弱小無助的小型馬，如何生存得下去？

肩高纔 30 公分的始新馬被食肉獸攫食重現圖。這種所謂馬，會演化成現代馬，肩高 160 公分，這也是十足的童話意想。

六八、前寒武紀的空白

至於何以在寒武紀以前的此等假定屬於最早時期內，未發現富含化石的沈積物，關於這個問題我還不能給予完滿的解答。（頁三八一、十一行）

要對寒武紀以下為何沒有富含化石的巨大地層的疊積，舉出任何好的理由，還是有很大困難。（頁三八二、九行）

冠學按：直到二十世紀末的一九九九年，地層發掘雖已積有上億件的化石，還是未能打破寒武紀這個自然進化論的僵局。

按寒武（Cambria）是威爾斯的羅馬名，寒武紀地層的首次採勘是在威爾斯，故這一地質時代便名為寒武紀（The Cambrian Period）。寒武二字是日語的音譯，譯名多麼傳神啊，又寒又武，令人對這最早最古的地質不由得為它的邃古凜然起敬畏，大概這是世界譯名史上最最成功的譯名了。

除了寒武紀大爆發，白堊紀有許多開花植物也是突然出現的，這也不是達爾文能夠圓滿解答的。但這些困難，若用神所創造來解釋，便一切迎刃而解了。這個問題還是留給自然進化論者自己去解決罷，如果永遠不得其解，我們希望自然進化論者勇敢承認錯誤，莫再自欺欺人！

附：地質年表

<table>
<tr><th>代</th><th>紀</th><th>世</th><th>距今時間</th></tr>
<tr><td rowspan="7">新生代</td><td rowspan="2">第四紀</td><td>全新世</td><td>一萬年</td></tr>
<tr><td>更新世</td><td>一百九十萬年</td></tr>
<tr><td rowspan="5">第三紀</td><td>上新世</td><td>六百萬年</td></tr>
<tr><td>中新世</td><td>二千五百萬年</td></tr>
<tr><td>漸新世</td><td>三千八百萬年</td></tr>
<tr><td>始新世</td><td>五千四百萬年</td></tr>
<tr><td>古新世</td><td>六千五百萬年</td></tr>
<tr><td rowspan="3">中生代</td><td colspan="2">白堊紀</td><td>一億三千五百萬年</td></tr>
<tr><td colspan="2">侏羅紀</td><td>一億八千一百萬年</td></tr>
<tr><td colspan="2">三疊紀</td><td>二億三千萬年</td></tr>
<tr><td rowspan="6">古生代</td><td colspan="2">二疊紀</td><td>二億八千萬年</td></tr>
<tr><td colspan="2">石炭紀</td><td>三億四千五百萬年</td></tr>
<tr><td colspan="2">泥盆紀</td><td>四億五百萬年</td></tr>
<tr><td colspan="2">志留紀</td><td>四億二千五百萬年</td></tr>
<tr><td colspan="2">奧陶紀</td><td>五億年</td></tr>
<tr><td colspan="2">寒武紀</td><td>六億年</td></tr>
<tr><td>元生代</td><td colspan="2" rowspan="2">前寒武紀</td><td>二十億年</td></tr>
<tr><td>始生代</td><td>四十億年至四十六億年</td></tr>
</table>

註：本表係依據高中教科書。全新世、更新世，一般作更新世、鮮新世（即上新世）。而各期年代也各略有出入。

六九、諸重難點

這裏所討論的各種難點有：假定各地質層中可看到介乎生存在今日和生存在從前的物種之間的許多連鎖，卻看不到連結這一切的無限多細微的過渡類型；歐洲各地質層中若干物種類群的突然出現；照現時所知，寒武紀以下幾乎完全沒有富含化石的地質層——這些難點的性質無疑極其嚴重。最卓越的古生物學家，即居維耶、阿加西斯、巴蘭得、匹克推特、福爾克納、福布斯等，以及所有最偉大的地質學家，即萊伊爾、默奇森、塞奇威克等，都一致且往往猛烈堅持物種的不變性。由此可看到上述那些難點的嚴重情況。註（頁三八四、十行）

冠學按：由達爾文這一段話，可以看出，除非冥頑不靈地固執非事實為事實，即蠻橫地固執己見，一個有理性的人一定會認錯放棄一己無根據的主張。但達爾文並不如此，他在下文還捏造事實說：「大多數的地質學家和古生物學家對於他們以前的信念也大大地動搖了。」尤其更捏造他的老師「萊伊爾爵士現在對於相反的一面給予了他的最高權威的支持。」（頁三八四、倒二行）根本沒有這樣的事實。按居維耶 (G. Cuvier, 1769–1832) 在達爾文《物種起源》一八五九年出版前早已身故二十多年；福布斯 (E. Forbes, 1815–1854) 歿於《物種起源》出書前五年；福爾克納 (H. Falconer, 1805–1865) 一直住在印度，一八五六年退休，退休後在歐洲大陸繼續其地質探究，和達爾文沒有什麼接觸；默奇森 (Sir R. Murchison,1792–1871) 是志留系的發現和命名人，塞奇威克(A. Sedgwick, 1785–1873) 是寒武系的發現和命名人，達爾文的老師，都是進化論的反對者；阿加西斯 (J.L. R. Agassiz, 1792–1871) 是進化論的出名反對者，一八七一年達爾文出《人類的由來》，他依然反對，這年是《物種起源》一八六九年定本後二年；萊伊爾 (C. Lyell, 1797–1876) 是達爾文最親近的老師。達爾文在一八七六年的《自傳》裏寫道：「就連萊伊爾和胡克，他們雖然很喜歡聽我的話，可是並沒有表示同意。我設法對有才能的人，去解釋我的自然選擇的道理，結果只是失敗。」《物種起源》的最後定本第六版是一八六九年出版，《自傳》還落後七年，這不是捏造的證據確鑿嗎？按萊伊爾雖不信宗教，卻是有神論者。而匹克推特根本未被說服。巴蘭得 (J. Barrande, 1799–1883) 是奧地利地質學家、古生物學家，自始至終都是進化論的反對者。有這麼多第一流的地質學家和古生物學家持相反的意見，達爾文實在不應該一意孤行。但當「牛頓第二」的意念令他不能罷休。達爾文在《自傳》裏面便寫道：「我堅強希望能夠對自然科學有事實上的新發現，並且我還雄心勃勃地想在科學家當中佔一個卓越地位，得到一般當代自然科學家的崇敬（這一點他的願望未達成，證據如上——冠學），能夠在某幾點上影響到很多科學家的信仰（這一點達爾文的願望達成了，他的徒子徒孫像信仰神佛一般信仰他，這很不幸使達爾文未能臻於學理的高位，卻落在教義的高位上——冠學）。」一個踏踏實實的學者只會老老實實治學，不會滿腦子野心。達爾文充分表白了他不是真正的學者，乃是一個文化或學術投機者。正如政治界有政客，自然科學界居然也出了這麼一個大學客，非常不幸！達爾文明白招認，他傳播的不是學理，而是信仰。自然進化論直到今日，都還不是學理，而只是教義和信仰，奧斯本早在二十世紀初便指出來了。

註：本段文字所引學者，初版本有歐文（Sir R. Owen, 1804–92），沒有匹克推特（Pictet）。歐文曾經就初版本《物種起源》撰文惡狠狠地加以痛批，達爾文大概深啣在心，給以除名了。按歐文是英國動物學家，比較解剖學權威學者。

七十、達爾文的自攻：單一度生成論

如果一個物種一度從地球表面上消失，沒有理由可以使我們相信同一的類型會再度出現。只有巴蘭得所謂的「殖民團體」，對於這一規律是一個極為明顯的例外。（頁三八八、九行）

冠學按：陸上蝸牛於石炭紀絕滅，再後又出現在白堊紀，一直到現在。如果這不是「殖民團體」，即從某處再度移入的話，亦即如果是全球性的，這便證明是嶄新的第二度出現了。物種既然可以一度自然生成，其再度自然生成，乃至第三度自然生成，都不是不可能的。只有老天的創造纔限於單一度出現。而事實是生物出自老天的創造，故達爾文纔會從實際現象上看到生物不二度生成。達爾文應該會驚覺到他的學說，即自然生成，與事實相牴觸，然而達爾文不止未驚覺，反而還茫昧地加以牽合，這是很不可思議的一件事，除非自昧良知，否則便是智力有缺，二者必居其一。

巴蘭得是神造論者，神造論者當然不會主張生物二度生成論，達爾文居然會援用論敵的話，可見達爾文的智力確實有問題，這是引狼入宅。

七一、窩裏反：生命的變動何等微小

為什麼同一地區的一切物種終究都會歸於變異？因為如果不變異，就會歸於絕滅。（頁三八九、十行）

冠學按：達爾文這個論調在全書前文中已反覆重述了好幾十百遍，我們已駁之至於體無完膚的地步。讀者請回顧本書第二節的詳細駁論。這裏我們再引達爾文的看門狗湯瑪斯・赫胥黎及其孫朱里安・赫胥黎的話，看他們是怎樣地窩裏反。

朱里安在其《進化的運作》一書第五章寫道：「我的祖父湯瑪斯・赫胥黎是最先注視稱為『持久型態』(persistent types) 的許多生物學家之一。所謂持久型態，是指那些多少年來一直依然如故的動植物，而它們周圍的生物都是在變革在進化的。」這些話述說的事實跟達爾文的話所述說的正相反。「早在一八六二年，他即寫道：『就已知的動植物形態的巨大分歧看，就化石層之積累所指示的湮久的年代看，唯一讓我們奇怪的事，倒不是生命的變動如此巨大，而是何等微小。』一八七〇年，他對這個問題作了全面檢討。在指出『遠在新生代的新世紀時，哺乳動物綱所有重要的目、科皆已出現』後，他下結論道：『我浸沈於生物史愈久，持久型態在我眼中的意義就愈大。』」朱里安接著說：「持久型態有二類：有些持久型態是屬於一度眾多之動物的孑遺，所謂活化石，如鴨嘴獸；而另一類，是整個集團到現在還活著，種別既未減少，型態亦無重大變動，如螞蟻便是。活化石的持久是比較可驚奇的。最極端的古典例子是稱為 Lingula 的小海貝，它幾乎和發現於四億年前埋於岩中的它的祖先分辨不出。比較熟悉的例子是蠔。如辛普森 (Simpson) 所言，設若拿兩億年前的蠔在飯店中待客，我們看來會和現代的蠔完全相似。」他又引了肺魚、腔棘魚這兩種活化石來作證，又說螞蟻已有五千萬年未見改變，而鳥類自二千萬年以來，做為飛行器，再也沒有改變過。最後他做結論說：「事實上，純粹的生物進步已經終止。」或許是著名的古生物學家和偉大的地質學家普遍不贊同達爾文的學說，又加上湯瑪斯・赫胥黎的窩裏反，達爾文在頁四〇九纔有了妥協的話。這些話，詳下節分析。事實上，湯瑪斯・赫胥黎一直覺得達爾文高估了自己的自然選擇說。一些不合理的狀況，便是死黨的戰友如湯瑪斯・赫胥黎，也無法昧起良知為達爾文護短。當年，即一八五九年，《物種起源》初發表後，反對者沸騰，威伯福士主教 (Bishop Willberforce) 首先發難，終至兩派人馬交鋒。達爾文一直未出面，托言身體不好，其實達爾文是不敢出面。

我們從達爾文晚年覺得不能不放棄他原先關於「進化是自然選擇的結果」的主張可以看出，達爾文雖然出版了《物種起源》，心裏面一直覺得未安穩。達爾文看來是個老實忠厚的人，他發表《物種起源》是被情勢所逼，要不是一八五八年華萊士寄給他一篇論文〈自固有形態演變而來之差異傾向研究〉(*On the Tendency of Varieties to Depart Indefinitely from the Original Type*)，這篇論文所宣示的正是「自然選擇」這一觀點。達爾文讀過這篇論文之後，整個人都愣住了，自己辛苦得來的「自然選擇」這個學說，居然被別人捷足先登了。因之，他不得不將《物種起源》草稿中的學說大意連同華萊士的論文一起在林內學會發表，而且不得不急急於翌年，即一八五九年，出版了《物種起源》。若非被華萊士造成的情勢所逼，《物種起源》極可能會拖到他七十歲，甚或死後纔發表。達爾文的學說中有太多，可以說到處是不安穩的主張，故和威伯福士主教的辯論會，只得推說身體不好，而由湯瑪斯・赫胥黎出而代打。果真達爾文親身出馬，他會遭遇怎樣的下場，他自己知道。幸而英國當代大地質學家、大古生物學家及著名而持反對論的生物專家們全未出席。這總不是一個皆大歡喜的場面，故這些大學者只好包容了。到場的卻是反宗教的青年學生佔了泰半，因而赫胥黎還反而得到不少應援。

七二、達爾文捉襟見肘

依照自然選擇的學說，當進步到達某一定高度的時候，就沒有再繼續進步的必要；雖然在各個連續的時代間，些微的改變以便適應生活條件的細微變化，以保持它們的地位是有必要的。（頁四〇九、六行）

如我們在前章所看到的，有些生物類型從一個極其遙遠的地質時代起便保持同一的性狀；同樣地，一些物種曾經在廣大的空間內遷徙，而沒有顯著的變化，或者竟是完全不發生變化。（頁四二三、倒四行）

冠學按：現在我們所看到的《物種起源》都是第六版的本子，即一八六九年的最後訂正本。上引這些話到底是初版便有的，還是以後增訂的，我想應該是後來訂正的話纔是。

達爾文在十一、二章既已妥協訂正了他的「物種不是不變的」的主張，那麼最前頭第一章的話「物種不是不變的」，便也應該一起訂正，不應該留著，令首尾不一致，自相矛盾。其實達爾文即使訂正了首章，他全書的論調仍然到處是「物種不是不變的」，除非他毀了他這部書，也就是除非他果真勇敢地放棄他的學說，否則這種空口講白話的妥協是無意義的。依據達爾文下文「我們已經找到證明物種類型的緩慢的、難被覺察的變異」的講法，變異是永不停止的，如果變異可以停止，達爾文的全部學說便不能成立了。達爾文的變異是他的物種起源的惟一動力，它是杜加 (Dukas) 筆下魔法師的徒弟失控的魔箒。達爾文根本無法妥協，他這是欺瞞。

> 物種的全群有時會呈現一種假象，表現出好像突然發展起來的；這種事實如果是真實的話，對於我的觀點將會是致命傷。(頁三九〇、末行)

冠學按：關於這個問題，我們在前面已引過辛普森 (Simpson) 等古生物學家的話予以證實。達爾文直到這裏還是不肯正面正視這個問題，依然支吾其辭，敷衍了事。我這裏再增引《宇宙波瀾》一書 (F. J. Dyson 著) 的話，以示根本沒有人理會達爾文這種講法。Dyson 說：「當天氣或地理環境產生革命性遽變，破壞了自然既定的平衡時，不只會出現一個新種，而且是一整族群在短暫的地質時間內都會出現。重大的演進與改變的發生，通常都是藉著新族群的形成，而不是藉著既有物種的改良。」這裏筆者要補充一句話，Dyson 說當天氣或地理環境產生革命性遽變，破壞了自然既定的平衡時，便有新物群突然出現，其實這只是現象描述，事實是，當老天要推出新物群之時，便用大災變來先期清理舊物群，若不了解這個事實，倒果為因地去解讀新物群突然出現的現象，總會陷於「不可理解」的狀態中。為什麼「重大的演進與改變的發生，通常都是藉著新物群的形成，而不是藉著既有物種的改良」呢？一定要得講出或理出一條道理來。可是著作者通常只做現象描述，而未臻背後道理的理解。居維耶是位偉大的古生物學家(他是化石學的鼻祖)。居維耶根據他對地層與化石的廣博且深入的認識，提出災變說來解釋，這是一個完全符合事實的學說。但後來因為達爾文時勢造英雄發跡了，他的老師萊伊爾的「天律不變說」便也跟著得勢，居維耶的災變說遂被冷落。依照萊伊爾的天律不變說，古代的天候地況，一如今日，是逐日慢慢變的，今日我們所看到的地理變遷是非常緩慢的。他這個以今衡古的說法是違背事實的，地球表面的變遷，打個比方，它是反落體運動的一種動律。落體是加速度向下墜落的，而地球表面的變遷正相反，愈向後愈緩慢。不要說是地球，整個宇宙都是循著熱力學第二定律而演變，這整個運動是朝著最後「靜止」這一目標而行進的。萊伊爾正好違背了這全宇宙的運動大法。達爾文乘在反宗教的大浪潮上，不幸的是西方宗教過去箝制歐洲人群箝制得太嚴酷，終致引起反彈，達爾文便成了這反彈的大英雄，萊伊爾因而便壓倒了居維耶，成為最偉大的地質學家了。

現在筆者想跟讀者來共同探討化石的形成情形。化石是突然的大災變下大量動植物被突然深埋在地中，不及腐化而變成化石的呢？還是像我們日常所見，極細微的變動，累積起來，將零零碎碎的動植物屍體逐漸深埋，巧妙地未曾腐朽而成了化石的呢？依照我們日常所見的情形來推，極細微的變動下，動植物在深埋之前早已腐朽無餘，絕對不可能有「未曾腐朽」的屍體，可供成為化石材料。到底在天律不變下，化石的形成機率有多大呢？這是我們要追問的中心問題。Dyson 不是也說得非常明白嗎？「當天氣或地理環境產生革命性遽變」，這是指的災變呢？是指的天律不變呢？懷特海 (A. N. Whitehead) 在其《自然與生命》講演錄中也說：「我們若從我們所觀察到的範圍而推論到超越那個範圍極遠的地方去，這真是草率到了極點。例如在一分鐘之內沒有明顯的變動，但是那不能告訴我們在一千年之內無變動。一千年之內所有的明顯的變動對於一萬年之內的情形是毫無關係的。而在一萬年之內的變動也不能告訴我們一萬萬年之內的情形。」（傅統先中譯）萊伊爾的以今衡古是極端不合理的，但今日這個觀點壓倒了一切，正如達爾文的個人意想被奉為真理一般。時潮是盲目的、無理性的，群眾（包括學者在內）只會趕時潮瞎捧盲從。試舉一例，可見一斑。

一九六二年以DNA 分子結構雙螺旋鏈得諾貝爾生理學獎的華生 (J. D. Watson)，在他的

《基因的分子生物學》(*Moleculor Biology of Genes*)一書第一章寫道：「在接受了達爾文學說之後，最直接的結果乃是使吾人了解在一至二億年以前，最先存在於地球上的生命為一很簡單的構造，可能類似細菌——現存之最簡單的生物。」(邱世賢等四人中譯)按這段引文中的「一至二億年以前」，是根據《物種起源》第十章達爾文所引克羅爾(Croll)的推論年數。克羅爾推論寒武紀起於六千萬年前，地球的歷史則有兩億年。細菌的出現早於寒武紀，因此華生推定類似細菌出現的年數「在一至二億年以前」。達爾文當年推論地質年代，最可靠的方法是依據地層堆積的速度，而多數學者都是依憑個人的主觀臆測，出入很大，且年數都過小。達爾文便嫌克羅爾的年數過小，華生似乎不曾用心注意到達爾文這些話語。按用現代放射性元素測年法，如鈾^{238}—鉛^{206}，釷^{232}—鉛^{208}，鉀^{40}—氬^{40}，或銣^{87}—鍶^{87}等的測年法測出的年數，太陽的形成有六十億年，地球的形成有四十五億年，地殼各地層各有定數，而寒武紀起於約六億年前，正好是克羅爾的年數的十倍，細菌的出現測定在十億年前，類似細菌的出現測定最高早到三十五億年前。華生的《基因的分子生物學》，初版於一九六五年，我手頭的本子是一九七〇年的再版本，有再版序，即以最晚的碳十四測年而論也已在一九四七年提出，一九五二年正式發表(按碳十四測的是小年)，而華生的地質年代還停滯在達爾文時代。筆者懷疑華生除了《物種起源》一書外，沒讀過別的進化論有關著作。一個諾貝爾獎得主尚且如此趕時潮盲信，一般大眾的耳食，更可怕了。這個時代誰能佔得時潮，誰便是權威，根本沒有真理事實之可言。達爾文的學說漏洞百出，他自己都已看到，且已捉襟見肘，無法彌縫，卻還能昧沒良知，繼續主張，不肯向學術界謝罪認錯。他的徒子徒孫們也並非不知真實，卻仍一味一窩蜂趕弄時潮，成群結黨，以自擡身價，佔據學術要津，這是人類的劣根性。

七三、深祕的鳥綱

鳥類和爬蟲類之間的廣大間隔，出人意料之外地一方面由鴕鳥與已經絕滅的始祖鳥，一方面由恐龍的一種，細顎龍，部分地連接起來。（頁四〇二、十行）

冠學按：C. A. Villee 說：「越來越多的人相信，始祖鳥代表一種相當罕見的爬蟲，其本身並非鳥類。真正的鳥類，確實出現在白堊紀的岩石中，其中有些顯然比始祖鳥的時期更早。」（《生物學》教本第四十七章）

E. Perrier 說：「鳥綱在深祕籠罩下演化，令人無從窺透。」（《史前的地球》第三編第三章中譯二六一頁）

我們引用這二位學者的話來回答達爾文「想當然」的話。

七四、種的不可跨越

匹克推特舉出一個熟知的例證，白堊層中幾個階層的生物遺骸一般是類似的，雖然各階層中的物種並不相同。僅是這一事實，由於它是一般性的，似乎動搖了匹克推特教授物種不變的信念。（頁四〇七、四行）

冠學按：這裏達爾文主觀地認定匹克推特教授被動搖了。達爾文的意思是這些類似的不同物種，是變異形成的分歧，他用這一想法來推論匹克推特的信念「物種不變」，由於這些實例，應該是動搖了。筆者常常感到人類似乎應該分為幾個科，科之下再分為幾十幾百個種。顯然同為黃種人（設為一科），身高 150cm 和 170cm，彼此相差 20cm，無論怎樣說不應該視為同一種。150cm 高的父母，想生出 170cm 高的子女，很不可能。這時當父母的纔會痛切感到種的不可跨越。以此類推，隆準的和塌鼻的，顯然都不可跨越，這裏又應該分屬不同的種。甚至於大拇指末節的向後仰，腳小趾趾甲的二分，也都是不可跨越的。達爾文將加拉巴哥群島的象龜分為十五個種，便是依據此類小特徵來區劃。到底同一個地層的各階層所謂不同物種的密切類似，是不是因為原該屬於同一個種的誤分？看來好似只是觀點問題。

> 據生物由來的系統學說，密切連續的地質層中的化石遺骸，雖然被列為不同的物種，它們的密切相似（親緣）是十分明顯的。我們已經得到我們所期待的結果，我們找到了物種類型緩慢的、幾乎難以覺察的變異的證據。（頁四〇七、十一行）

冠學按：我們在前面徵引過不少二十世紀生物學界的定論，微變並不存在，這裏我們不打算再浪費筆墨來糾正達爾文的錯誤觀點。我們只提一提一九六一年諾貝爾化學獎得主M. Calvin的看法，他認為果真進化是如達爾文所意想，出於微變的累積，地球怕也沒有這麼長久的時間供其使用。讀者由此可更加確認達爾文的錯誤。

上引達爾文的文字，我們要問的是所謂密切相似的不同物種，密切到什麼程度？相似到什麼程度？達爾文是依據什麼確定的證據，證明後者是由前者進化而來？達爾文自己便說：「要證明這種主張的正確性卻是困難的。因為，甚至各種現存動物，如肺魚，已被發現常常與很不相同的群有親緣關係。」（頁四〇三、七行）胡濫比附，到最後，無一物無密切相似有親緣關係。二十世紀中葉以來的分子生物學家便最愛舉蛋白質（包括酵素）、核酸及細胞組織來支持自然進化論，理由是自最簡單的單細胞生物至最高等的人類，無不同用一些由原子合成的基本分子來組成。這根本是瞎扯。人類手中製造出來的任何物件，也無不是同用由原子合成的某些分子來組成，就因為如此，便能胡說，這些物件根本不是被造物，乃是由原子、分子自動契合而成的嗎？說生物是由原子自動契合成分子，分子又自動契合成細胞，細胞又自動契合為個體，因而契合出生存本能生殖本能，乃至人類的情、知、意與本性來，這是鬼話連篇。房屋由磚砌成，磚是死的，故房屋也是死的。生物用細胞砌成，細胞是活的，故生物也是活的。就因為生物是同用活磚砌成，便認為生物是由自然契合而成，這是什麼歪邏輯？老天用活磚（細胞）來造生物，這是無可比擬的絕高智慧。死物用死磚砌成，活物用活磚砌成，這是造物兩條不易的理路。分子生物學家不知在這裏讚美老天，卻表現出完全的稚態。難道分子生物學家除了他們的專業智識以外，什麼智識都沒有了，就連常人普遍具有的一般常識也完全沒有了嗎？也許事實正是如此，專業造就了科學怪物，一個常識闕如的怪物。

迄今為止，還不曾找到過一個種變為另一個種的證據，莫說一個科之移向另一個科，一個目之移向另一個目，一個綱之移向另一個綱。如自然進化論者認為爬蟲是自魚變來，但一直未見有四隻腿腳的魚的化石，活魚更是沒有。自然進化論者又認為由爬蟲變為鳥，但鱗（善於傳熱）之變為羽毛（絕對不傳熱），在爬蟲中，化石和活個體也都未見到（如果始祖鳥不是鳥而是爬蟲的話，牠的羽毛的真實性是一個問題，羽毛將令牠的體溫與氣溫隔絕，牠非為溫血不可）。而昆蟲及其翅是怎麼來的？蝴蝶三變態該怎樣來解釋？自然進化論者全噤若寒蟬，避而不談。相似，或密切相似，終究無法說明什麼。白雲蒼狗，也是相似，能夠說明什麼嗎？你看過人群中無論頭臉體型非常熟悉，卻不是你的熟人的人嗎？這種經驗是極為常有的，密切相似又能說明什麼？由自然進化的觀點要主張爬蟲由魚變來，必得有中間類型的證據。找不到證據，這種說法便無法成立。但如果主張爬蟲是由魚變來，乃是出於創造者的手，有了中間類型反而不能成立。道理便是這樣，兩條道理兩種事實來印證，如斯而已。昆蟲及其翅、蝴蝶的三變態，自然進化論永遠講不出一條道理足以與事實來印證，因此自然進化論在此處也不能成立。

七五、超絕的智慧

已經成熟了的生物的器官的分化與專業化的程度，是評定它們的完善化或高等化程度的最好標準。（頁四〇八、一行）

冠學按：一個受精卵只是一個單細胞，在母胎中，它一直在分裂，一分為二，二分為四，四分為八，所分裂出來的細胞全都一樣，也就是分裂出來的細胞和原始的受精卵一模一樣。但到後來便不一樣了，有的分化為肝細胞、胃細胞、腦細胞、神經細胞、血管細胞、骨細胞、毛髮細胞等等，各有一定的形狀大小與功能，而全身的外形也有一定的範圍，構成一個該生物的一定形體，絕對受限制，不超越，甚至該生物由生長至生長停止、衰老、死亡，都有個限制，超越不了。我們仔細觀察，發現這是內在操縱，由一種看不見的什麼在裏面指令、控制，這是偉大的發明和設計，這在達爾文的時代，已有人約略嗅到了些信息，但達爾文則一無所知，故他到晚年覺得非要放棄他的自然選擇學說不可。他的《物種起源》的初版本，到處是不可克服的難點，因為生物學界的圍剿，自第二版至最後的第六版，他修修補補，「將《物種起源》一書搞得一團糟，到處是疑惑、閃避、混亂、矛盾的言詞，不斷地更改字句，未決、躊躇、齟齬。」（見 Vorzimmer 的 *Charles Darvin: The Years of Controverty*）

到底是什麼在內裏發指令、控制著生物的形成？現在我們是頗已明白了，乃是遺傳因子基因，但分子生物學家則喜歡改用時髦的新詞眼，說是 DNA 操控一切。這確是異常奧祕的事，可以說神奇到了極點。你的肝臟有一定的形狀和大小，他的一模一樣，我的也一模一樣，奇怪嗎？確是很可奇怪！它為何不多形成某些部分，改變些形狀和大小，不，它絕對不會這樣表現。在我們身內的工程師 DNA 操控著一切。這確是不可思議，而達爾文一班進化論者，包括在他之前的蒲豐 (Buffon)、拉馬克 (Larmark)、聖提雷爾 (Saint-Hilaire) 這三位進化論者，則主張這種奧祕、神奇、不可思議是出自自然進化，用現代分子生物學的時髦講法，這種奧祕、神奇、不可思議，乃是依據物理化學的法則，由原子自動契合為分子而造成 DNA，由 DNA 組成基因，由基因組成染色體，千千萬萬種不同的染色體，由之產生了千千萬萬種動植物，而達到今日生物界的奇蹟。讀者，你會不會覺得這種說法，是一個新的神話？掛著科學的招牌，做的卻儘是反科學不科學的勾當，這便是自然進化論。

二十一世紀已經到了，人類科技頗有發展，但用高科技，人只能製造電腦，可是大自然無知無能的大自然，依進化論認定，無知無識的大自然卻能製造人腦。憑著高科技，人只能製造機器人，笨拙而無生命的機器人，而無知無識無能的大自然卻能製造千千萬萬種精密而且合乎人類審美觀的美麗生物，那最優秀飛行器的鳥類，最優秀騾奔器的走獸，其動能動率達於出神入化的境地。讀者，如果你覺得自然進化論是百分之百的神話，你正不必懷疑自己的感覺。自DNA以至於生長成熟的生物體，其體內組織的分化與專業化，排除掉一個實在的超絕智慧，其可能性難道還有可能加以想像嗎？

七六、新汰舊：恐龍的絕滅

> 據此我們可以斷言，如果始新世的生物和現存的生物在同一氣候下進行競爭，前者將被後者打敗而絕滅，正如第二紀的生物會被始新世的生物，古生代的生物會被第二紀的生物所打敗而絕滅一樣。(頁四〇八、七行)

冠學按：達爾文這些話聽來有似夢囈，這便是他的學說裏新種剋滅舊種的意想。我們在前面已一再討論舉出過幾億年前的物種，甚至幾十億年前的單細胞生物至今原樣存在的事實，面對著這些確鑿的事實證據，達爾文這些話顯得毫無價值。這裏我們舉最顯著的一例恐龍絕滅的事來討論。試假設恐龍再現於二十世紀末或二十一世紀初，人類袖手旁觀，看是恐龍被現代生物所滅呢？還是恐龍滅了許多現代生物？

達爾文的學說，我們一再說過，乃是種意想，絕無事實依據，因為時勢造英雄，達爾文得勝了，統治二十世紀乃至二十一世紀人類的思想，一如亞理斯多德統治了近世以前近兩千年的歐洲思想一般。只要時勢未改變，英雄的統治將一直繼續下去。但時勢一旦改變，英雄便不可扶持地要倒下去。在英雄統治的期間，無人能與之爭，爭也徒然，這是目前統治人類思想的進化論壓倒性性格的事實。

達爾文一味意想新汰舊，而歸之於環境的改變，變異體制的勝利。這些自然進化論者，在大談新汰舊之際，從來未留意到疾病或瘟疫的介入，恐龍極可能是滅於一場瘟疫。一旦膣道裏普遍存在殺死精蟲的細菌或病毒，恐龍能不滅種嗎？如果實際情況是這樣的，這跟生活鬥爭何干？再者，若恐龍真如近說，滅於直徑十公里的大隕石之撞擊地球，這也跟生活鬥爭無干。但這一說不能成立。據這一說，撞擊引起的爆炸產生18000°C的高溫，等於太陽表面溫度的三倍，全球引起燃燒，且將全球的氧氣耗盡，接著是三個月至六個月的暗無天日，連海裏的生物也死絕。有未被高溫燒死的陸上動植物，也被攝氏零下三十度的低溫凍死，且動物無氧可呼吸，植物無陽光以行光合作用，地球自此成為一個死星球。我們不知道哺乳動物之出現於恐龍末期，繼恐龍代興的說法是如何成立的？因為地球上已無生物，除非有奇蹟，即神的干預。

恐龍的絕滅還有各式各樣的解釋，最合理的解釋，無如認定是老天不滿意這類龐然大物，把牠們毀了，再創造哺乳動物來接替。一切新科新屬乃至新綱新目物種莫不如是，化石證據充分，前世紀、二十世紀的古生物學家都是證人。

從恐龍的絕滅，可以看到一個事實，舊生物之消失跟新生物的興起是兩回事，舊生物的消失是為了讓位給新生物，其動力不在於生物相剋，而是在於造物主的意志。沒有造物主的意志，二者皆無解。

七七、上帝是左撇子

我們能夠理解為什麼一個物種一旦消滅就永遠不再出現。（頁四一六、三行）

冠學按：如果物種是神造的，達爾文這句話是合理的。如果物種不是神造，而是出自機遇的自然創生，達爾文這句話便不合理了。假設人類此時全滅了，以後的地球會不會再出現人類呢？由神創說來推論，人類的再現是不可能的，神不可能第二次創造人類，除非有胎盤類與有袋類的差異，若祂第二次再創造人類，那麼祂第一次創造人類便含有不智的成分，因此是不可能的。但若人類是由自然進化出來的，則人類的絕滅與再出現，皆屬機遇的問題，再過幾千萬年，從現存的猿類中，穎脫而出，再演化出人類來，並不是不可能的，起碼黑猩猩便是候補者。再舉一例，如果美國政府真的遵守原定計劃，將實驗室裏僅存的天花病毒摧毀了，後世會不會在自然演化下再出現天花病毒呢？這裏存在著另一事實，這個事實得先交代過，纔可能談可能不可能的問題。我們一再表明過，在高等生物體制上，我們至為明顯地看到了設計和美感，這設計和美感，只能用造物主的創造來解釋。但在較下級的生物方面，設計和美感顯得模糊，那麼較下級的生物會不會是全交由物理化學的法則造作的呢？這裏我們無法明確地主張，如物質的進化，那是事實，只交付自然法則去行使，便可由氫一直自然地造出依次的氦、鋰等輕物質以至於鈾等重物質（姑不問微粒子和核融合的由來）。所謂化學進化，有機分子進化，似乎皆可委由物理化學的定律去行使，於是問題便逼到原生動物和菌類單細胞生物的出現的田地來了。這裏筆者不便強不知以為知，這裏筆者寧肯保持緘默。二十世紀前半法國生理學大家 Lecomte du Noüy 及稍後的麻省理工學院教授 G. R. Harrison，都主張自然進化是在造物主前定下進行，一切都在造物主所定的自然律下。他們二位的講法更徹底，跟達爾文及其後繼者的講法，二者的差別，前者是或使之，後者是莫之為，當然莫之為是講不通的。但較高等生物明顯的設計與美感，筆者則懷疑不可能在自然法則下引生。

按關於生物的發生，自然進化論是偶然論，與自然進化論持對立態度的，是目的論，目的論可遠溯到亞理斯多德。du Noüy 和 Harrison 皆可歸於目的論這一說，但筆者在較高等生物這個層面認為有造物主的直接干預，自然律無此效能。但造物主是怎樣干預的？這不是吾人人類的理智所能知曉，一如我們無法知曉造物主本身是什麼樣的存在一般。討論到這裏，令筆者憶起道家的道字。目的論，即目的論的進化論，暗合於道家的道字。假若造物主將宇宙交付於道，即將一切可能性賦予道，那麼這個道只會將積極的可能性全部體現，而不會將消極的可能性體現出來。於是九十幾種原子體現了，萬物體現了，一切可能有的積極性（即包含設計似的以及美感似的）生物次第體現了，地球上的生物界遂如此完美，而達爾文等人誤解了它，筆者也過疑了它。這樣的推論是合理的，起碼合於人類的理智所能達到的最上限。畢竟人智是有個界限，過份自信人類的理智正可說是一種病態，現代科學正陷入了人類理智的病態，這是至為明顯的事實。

懷特海在其《自然與生命》一書中說：「生命的特性包括有絕對的自得、創造的活動和意向。此地『意向』是很明顯的指明有純粹的理想用以指揮創造的歷程。」（自得，self- enjoyment，傅譯譯做自己享受）按純粹的理想，即指神意，在道家即指道。道本是玄之又玄，不是有深入的研究，不容易體會，但淺顯地說，道即神意，並不難解。

自然進化是盲目的、偶然的，道不是盲目的，乃是明眼的、有目的的、必然的，這是二者的差異。

二十世紀分子生物學繼承生物化學，進而探索構成生物體的生物大分子的進化，表面上似乎有不少進展，但一旦計及這些所謂人分子的進化的機率時，卻又陷於全部被顛覆的境地。如胺基酸在自然環境中形成的機率，蛋白質在自然環境中形成的機率，核酸在自然環境中形成的機率，全都遠遠在10^{-15}之下近百倍甚至數百倍，差不多可以說是不可能。如構成生物巨分子（如蛋白質）的胺基酸盡是左旋，而人工如意條件下製造的胺基酸或由隕石帶來的胺基酸，則左右旋各參半，如何在自然環境下，由左右旋參半的胺基酸中組織清一色左旋的胺基酸來構成高度有秩序的蛋白質，據 J. F. Coggedge 的《進化：可能或不可能》(*Evolution: Possible or Impossible*)，其機率是10^{-287}，這個數字，表示事實不可能。W. Pauli（一九四五年諾貝爾物理學獎得主）打賭說，他不相信上帝是左撇子，但在這個最重要的關鍵上，上帝居然是左撇子，Pauli 只得認輸。因此筆者雖不敢強不知以為知，在生命物質及初級生命這個階層有所主張，而事實又似乎是昭然若揭。彩券總有人買中。假定在生命物質及初級生命上自然進化論中彩了，如果可這樣假定的話，自然進化論起碼在生命的初階上是可以成立的，而這也是自然進化論的最上限了。

七八、騙竊達爾文！

各個物種只在一個地方產生，其後，在過去與現在的條件下，盡其遷徙與生存能容許的力量，向遠處遷移出去，這是最可能的一種觀點。（頁四二五、倒六行）

冠學按：達爾文在《物種起源》全書中到處寫下令人看了會光火的無事實推論的假定詞，這些背理的、拗橫的假定詞就這樣偷天換日地，一下子變成肯定詞。試問在三十幾億年前，依現代分子生物學的講法，大海洋是富含養分的稀熱湯，那麼像生命伊始的細菌，一定不可能同時在南北半球或東西半球各處產生嗎？它一定只能產生於地球上的某一定點嗎？像細菌或更基礎的胺基酸之類的有機分子，只能產生在某一寸見方的海洋定點嗎？這根本是鬼話，是最不講理的橫逆話。像細菌這類伊始單細胞生物，如依自然發生論，它應不可避免地同時發生在億萬個點，而其後多細胞生物亦不可避免地從這些億萬個點分頭發生。如果自然發生論有效，依機率，後來愈是複雜的多細胞生物，其發生地點當應愈稀少，但亦不可能僅剩一元。

達爾文看到了生物自然發生論必然要招致生物多元的大混亂——這是生物自然發生論不可避免的絕路，於是便狡猾地欺詐地閃避了，且偷偷竊據神造生物一元的事實為己有。這種欺詐的伎倆是達爾文慣用的故技，他討論中間過渡連鎖物種時，討論本能時，都明目張膽地施用這種掩耳盜鈴的劣技，這裏他又故技重施。學者倡說學理，並非江湖郎中販賣癩膏藥，怎可用「騙」字當頭？鄙哉達爾文！達爾文是江湖郎中，不是學者！

> 某些植物由於種種散佈方法，越過了廣闊而斷開的間隙地帶，而哺乳動物卻不能越過這種地帶來遷徙。（頁四二五、四行）
>
> 如果同一個物種能夠在隔離的兩地產生，那麼為什麼我們在歐洲、澳洲和南美洲連單單一種共有的哺乳動物都看不到呢？（頁四二五、一行）

冠學按：這是達爾文生物自然發生論的死衚衕，也正是神造生物一元論者要詰問生物自然發生論者的話，而達爾文卻反而問起神造生物一元論者來，豈不奇怪？俗語說「先下手為強」，成語說「先聲奪人」，達爾文不反躬自問，反而用這種手段來規避。愈是討論這類背理的話，愈是令人對達爾文失望。

七九、神造生物的確鑿證據

如果同一個物種能夠在隔離的兩地產生，那麼為什麼我們在歐洲、澳洲和南美洲連單單一種共有的哺乳動物都看不到呢？（頁四二五、一行）

我們把南美洲的某些部分和南非洲或澳洲的某些部分加以比較，我們便知道這些地方的一切物理條件都是密切相似的，但它們的生物卻完全不相似。（頁四四二、十二行）

冠學按：澳洲哺乳動物的特色是有袋類，此類哺乳動物，達爾文未曾在歐洲、南美洲看到。反之，歐洲的胎盤哺乳動物，達爾文也不曾在澳洲或南美洲看到。南美洲的胎盤哺乳動物，達爾文也不曾見之於歐洲或澳洲。故達爾文主張物種應該是僅在一處地方產生，以後擴散遷徙，除非不能跨越。歐、澳、南美的哺乳動物因不能跨越，而不相紊雜，這便是物種僅產生於一處的有力證據。當然這是鐵的事實，可是生物自然發生論違逆、背離這個事實，卻也是事實。我們一直強調，如果生物是由自然發生，將不可避免二元甚或三元四元的可能，自然發生論是與一元論不兩立的，而達爾文卻採取自然發生論而又主張一元論，這是自我矛盾論。只有神的創造，纔有生物一元論，這是至明的，亦即是自明的道理。主張自然發生一元論，不啻是自打嘴巴，但達爾文卻用自打嘴巴的方式來竊據神造生物一元的事實，一條道理兩截邏輯，古往今來，大概也只有達爾文一人如此不講道理，或說儘講歪理。

按以有袋哺乳動物為例，據化石報導，一億年前鼩類曾經出現在歐洲，而現今北美洲和南美洲仍舊有七十六種鼩存在。鼩又叫有袋負子鼠。以上的事實，是達爾文所不知道的。現存有袋哺乳動物總共約有二百五十種，澳洲地區（包括其附近海島）獨佔一百七十二種，澳洲本地則有一百二十四種。但澳洲也有胎盤哺乳動物共一百零八種，惟其中蝙蝠佔了五十種，鼠佔了四十八種，犬一種，豬一種（後二種殆係八千年前隨人類移入），另八種不詳。有人說，有袋類可能發源於南美洲。據大陸漂移說（一九六五年以還，為學界之共識），世界陸地曾經一度全部聯合為一塊，南美洲連南極大陸、澳洲、非洲，北美洲連歐洲（印度半島、中南半島、大洋洲連澳洲、南極洲）。說者認為有袋類是這聯合大陸未拆散前散佈到澳洲甚至歐洲。但這只是猜測，沒有十分的確實性。約九千萬年前，南美洲和非洲分開；四千五百萬年前，澳洲和非洲分開；二千五百萬年前，南極洲和澳洲分開。此後澳洲孤立。而六千五百萬年前，現生胎盤哺乳動物大部分已經產生。這一情形，不合於達爾文的意想。E. Forbes 曾經主張現形陸地曾經是塊聯合大陸，一如目前共認的大陸漂移說，達爾文不相信。達爾文誤認前此歐洲、澳洲和南美洲是如現時分開的。達爾文的前提已經錯誤，推論當然不會正確。但物種發生於一地，且只發生一次，達爾文這個意想卻是正確的，只是如我們在前論所言，這種生物一元論與自然進化論不兩立，生物一元論只跟神造說相符。達爾文既確認生物一元論，究實而言，他只得放棄自然進化論，別無選擇的餘地。

這裏筆者想趁此機會，來討論神創造生物的一個確實證據。按有袋哺乳動物之出現，早於胎盤哺乳動物數千萬年。有袋類比起胎盤類有二樣顯得不完全，其一是幼兒的太早產，而用袋育來彌補。比起胎盤類足月或近足月生產，產後不多時，幼兒便能奔走（靈長類除外），有袋類的設計，不免顯得笨拙。筆者不是批評造物主或上帝的智力心思不足，其實無中生有的事，連老天也不免遭遇困難，須採用嘗試改進的方式。顯然，胎盤類是老天滿意的第二次設計。也許筆者這種講法不符合事實，事實是無論有袋類或胎盤類都是老天有意的設計，於是拆開了聯合古陸，讓有袋類保留於一隅之地。其二，老天創造的摸索還經過鴨嘴獸一類體溫不足卵生而無乳頭哺乳嘗試的一個階段，這種創造的摸索，歷歷在目，這是自然進化所不可能有的，因為這裏全是一對一的對決，無許多機會。下面我們將再討論一個更確鑿的創造證據，正因為它是自然進化所不可能，故其為證據顯得十分確鑿。有袋類二百五十種創造完成後，好一段時間，而後胎盤類纔繼起。我們要特別舉出一些有袋類的形制，因為這些形制在胎盤類中依舊襲用，遂留下生物為神創造的不移證據。

有袋類與胎盤類中有些形制是完全相同的，請看附圖。按有袋類自為一個系統，跟胎盤類完全無關涉。胎盤類也自為一個系統，跟有袋類絕對無關係。但有袋類和胎盤類有這麼多形制相同的成員，這是自然進化絕對不可能的事。如從機率上說，$10^{-1000萬}$都不足以表示這個事實，也就是說，進化論者發明的一個名詞所謂趨同，乃是瞎說。這是神造不可顛仆的確鑿證據。這證據充分顯示，老天第二次創造哺乳類，亦即新創胎盤類哺乳動物時，襲用了有袋哺乳動物中的這些形制：袋狐→狐狸，袋食蟻獸→食蟻獸，袋鼷鼠→鼷鼠，袋鼯鼠→鼯鼠，袋鼴鼠→鼴鼠，袋狼→狼，袋貓→貓。若不是虎、豹、獅等動物尚未在有袋類中創造，否則今日胎盤類與有袋類形制雷同的狀況會更多。

由上面的討論，我們得到本世紀（二十世紀）以來一直被追問的問題的答案，即地球以外宇宙間還有無生命存在一問題的答案。我們得到的答案是：地球生命（生物界）是頭一次創造，而且也只有這一次創造，宇宙其他角落，不可能再有生命（生物界）。但另有幽浮的存在問題也一直困擾著我們。果有幽浮生物存在的話，它之與現人類，則猶之有袋類之於胎盤類，必定是有缺陷的前期人類，已為造物主所放棄。

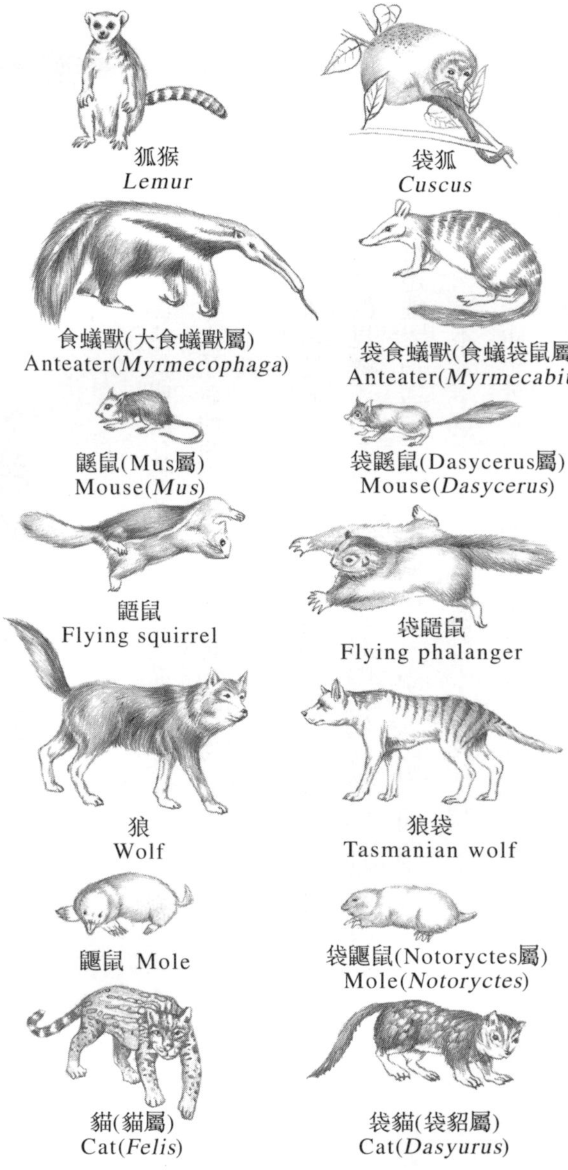

有袋哺乳類和胎盤哺乳類的比較。胎盤類和有袋類有許多相似之處、且佔有相似的生態領域。在一個特定的生態領域內，其中一組的某種動物，可以在另一組中找到一個相對應的種類，這種對應關係並不只限於生活習性的相關性 ， 同時也包括形態上的特徵。

八十、神的通盤設計

> 我們無法說明為什麼某些物種遷徙了，而其他物種沒有遷徙；為什麼某些物種變異了並且產生了新的類型，而其他物種卻依然保持不變。（頁四五〇、倒四行）

冠學按：這表示達爾文所持的見解本身有問題。一個真心治學的人，遇到這種狀況，他不會冒然公布他的見解，只有急於追逐名或利的人纔會罔顧這個事實。「某些物種遷徙了，而其他物種沒有遷徙」，把這句話中的「遷徙」二字拿掉了，問題也就解決了，問題便出在你主張的「遷徙」二字不合事實。「某些物種變異了，而其他物種不變異」，把這句話中的「變異」二字拿掉了，問題也就解決了，問題便出在你主張的「變異」二字不合事實。

神既然能夠創造生物，便也能夠安置生物，同一個物種，也可依神的通盤設計，分置在一個以上的地區。神認為這個物種是祂的生物王國中的一個永恆成員，當然這個物種便永遠是那個樣子，不會有變異。神認為有必要從某個物種再變化出一個或一個以上的物種來，好讓這個生物王國更為多彩多姿，則這個物種當然便須變異。這便是真相，絲毫沒有什麼不好解釋之處。

達爾文的《物種起源》，如果是身後別人替他出版的，那麼什麼責難的話我們都不能說。但事實是書是他身前出版，且出到六版，六版以後達爾文還活了十多年，他卻仍能堅持他手中的鑰匙是能打開物種起源之祕的鑰匙。

八一、達爾文的套套邏輯

根據我們的學說，從共同祖先傳下來的近似物種，一定是來自單一源流。（頁四五五、四行）

冠學按：我們在前面談過，單一種的鳥，不可能自然衍化為現有萬種鳥。莫說一萬種，如蝙蝠有二千多種，便已不可能。僅是人類，由單一人種，要自然衍化為現有三、五個人種，都是不可能的事。進化論者，看見一個現象，由人類分類分為不同種的生物普遍存在著不能混血的事實，即使混血成功，也無法再生育。這種現象，被進化論者應用來推斷：全世界的家狗都出自單一種野狗的祖先，也即是說吉娃娃和狼犬、大丹狗是同種，理由便是因為牠們能通婚。你相信這種推論嗎？吉娃娃小到可放在口袋裏，牠和狼犬、大丹狗同種？人類不論何種膚色，都能通婚生育，瓜瓞緜緜，那麼所謂黃種、白種、黑種這種名目還用得著嗎？可是人類明明至少有黃、白、黑三種，這和上節所見「遷徙」「變異」不是又陷在同一問題中了嗎？

到底種是如何區分的，這是一個問題，這個問題未釐清，便不能做進一步的推論。精子要鑽入卵子中，牠有一把酵素鑰匙，精子所帶的酵素能溶解卵子的外膜，牠纔可能鑽得入卵子中。卵子一受精，便急忙造出另一層外膜，這層外膜，別的精子帶的酵素再也打不開了。處處是設計，自然碰巧，有這麼多機會嗎？你的家人都有一把相同的鑰匙，可以打開你家的門，但樑上君子也打得開你家的門，樑上君子也是你的家人嗎？本種精子攜帶的酵素能溶解本種卵子的外膜，這是一定的，但外種的精子攜帶的酵素能否溶解本種卵子的外膜，這就不一定了。問題就出在這裏。

這裏我們要回過頭來，檢驗達爾文的話。「從共同祖先傳下來」「一定是來自單一源流」，這是邏輯訓練很糟，即連常識思考都一塌糊塗的人纔會這樣講這樣寫的話，這叫做套套邏輯（tautology，謂語與主詞重複）。「共同祖先傳下來」和「單一源流」是同義語。可見達爾文的思考訓練非常糟，這種程度的思考力無法論學，假使勉強論學，他會張冠李戴而泰然自若，這是很糟的。亂天下之學術者，即如此人也！一個思路清晰的人提出來的推論或論證，雖然不能免於一定無錯，按常理，是可加以信受的。但一個思路不清晰的人，讓他構築一座學說的大廈，它是危廈乃是一定的，除了造成危害之外，還能有什麼好功用好作用？

八二、非特定生物

誰承認每一物種是分別創造的學說，誰就必須承認有足夠大量數目的最適應的植物和動物不是為海洋島創造的。（頁四五九、六行）

冠學按：達爾文這些話很奇怪，這根本不是問題。物種當然不一定是特別為海洋島創造的，但可適應海洋島的生物，當然便能夠在海洋島上繁榮，即使原先是在大陸上繁榮。這沒什麼可奇怪的。至於大量不大量這跟事實何干？

八三、達爾文的童話：草變樹

樹木極少到達得了遙遠的海洋島。草本植物沒得有機會勝利地和在大陸上充分發展的樹木進行競爭，因而草本植物一旦定居海島上，便會由於勝過別的草本植物的好處而生長得愈來愈高，終至獲得凌駕之勢。在這種情形下，不問植物屬於那一個目，自然選擇便會有增加它的高度的傾向，使它先是變成灌木，然後變成喬木。（頁四六二、四行）

冠學按：這些話，是達爾文在解釋原本沒有樹木的海島上，樹木如何出現的情由的話。這些話聽來很像是童話，其實這些話也只有童話的水準，稱不得是學說。達爾文的學說全都是這一類這種水準的童話，不然便是神話。

照達爾文的話看，海島上原已有草本植物，並不是光禿禿沒有植物的。而這些原有的草本植物，安分守己地永遠只固守它為草本植物的分際，沒敢多長高一丁點兒。有一天，有外來落戶的草本植物登陸這海島。這些新來的草本植物，據達爾文說，過去生活在原大陸的樹林下，沒機會得與樹木們一爭長短，如今來到沒有樹木的海島上，雖然本質上和本地的草本植物同是草，但因為身世來歷的特異，亦即出身地望的壘塊，它們心中存有一股強烈的怨氣，立意要揚眉吐氣一番，以一洗過去屈居樹下的恥辱，於是它們猛生猛長，而且由於進化論的大神自然選擇的垂憐並賜以神恩，它們遂由草本變成灌木，再由灌木變成了喬木，如願以償了。只可惜，它們獲得了新的身量，卻沒機會再回去大陸，和原先那些樹木一較高低。筆者讀了這段達爾文童話，很為這些新種喬木叫屈，它們從此，卻是衣錦不能還鄉，這豈不是它們另一種悲哀的命運嗎？

我們真不曉得達爾文身為博物學家，懂得不懂得所謂「品種」這兩個字？所謂品種，就是說生物有一定的品格種性的意思，我想達爾文大概不曉得有這兩個字罷！並且他也可能沒看過植物生長的現象。據筆者所熟睹的情形，一般植物全有強烈的向光性，一定要爭取到陽光，即使爭取不到陽光，至少也得爭取到散光。所謂散光，就是陽光在空中被塵埃、水氣雜亂反射，投入陰影中來的一種不顯眼的弱光。如果沒有這種散光，陰影下便成一片漆黑，什麼也看不見了。連散光也爭取不到的植物，只有死亡。散光幾乎是不帶熱的，有些植物就畏怕紫外線紅外線，如酢醬草便是，故這一類植物喜歡生活在散光地。植物為了爭取到光，如被遮蔽，會一直向上探生，原本是一尺個子的草，在光線爭取惡劣環境中，可能會長到三尺高，灌木、喬木同例。以夜合為例，夜合是灌木，被夾在大樹枝間時，會長高一倍，甚至一直升高。草本植物這種表現最為普遍常見，連矮種都不例外，這都是生存伎倆。沒有光，植物便活不了，為了活下去，植物有很大的伸縮性，動物在這一方面便沒有什麼伸縮性。在達爾文的童話裏，因為他是植物生理的門外漢，編寫正好顛倒了。原本在樹林中的草應該會長得比原來高，移到海島上來，沒有樹木遮蔽，它就會守本分，不額外長高了，這是實情。門外漢最好不要信口胡謅，一開口便不免有差錯，鬧出笑話來。

加拉巴哥群島有仙人掌霸王樹，高四公尺半，樹幹粗達直徑一公尺。據說，此樹在別處還不到一公尺高，達爾文因此認為是本地特化的結果。但本地也有不到一公尺高的品種，我們不知道達爾文何以能夠做單方面的認定？另有向日葵樹，又名流蘇樹，正式名稱叫斯卡來菊 (scalesia)，高九公尺至十二公尺，進化論者自達爾文起首，認定是由野草演化而來。達爾文大概便是由這二種樹的主觀認定而編寫了上面的一段童話，這真是荒唐。我們要問，世界爺紅杉八十多公尺高，臺灣杉一百多公尺高，尤加利樹一百五十公尺高，又是從什麼草種變來的？地球上的一切樹種，都是什麼種的草變的？按全球仙人掌有二千多種，美洲薩瓦洛仙人掌 (saguaro)，高至十五公尺。世界各地河川出海口灣生長有紅樹、海茄苳一類的鹹水樹，這一類樹，有不及高草高度的，有高至二十五公尺的。同科屬植物中，原本便包含有草本、灌木種、喬木種，它們的基因，有雷同處，有差異處，雷同處使它們隸屬同科屬，差異處使它們分屬各別的種。達爾文因為不知有基因，遂將變異作等閒看，因而漫漶種隔，以至沒有品種的觀念，且由於在植物生理方面，他是門外漢，未有實際的觀察，在這種濛昧無知下，馳騁起他的童話想像力寫作起他的《物種起源》一書，可以想見，「疑惑、閃避、混亂、矛盾、未決、躊躇、齟齬」之詞，連篇累牘，充斥全書了。這也未免將學術當兒戲了，這是十九世紀以來，人類的不幸。

八四、海島生物

那麼多的真正海洋島一般都沒有蛙、蟾蜍和蠑螈。牠們為什麼不見於真正的海洋島，牠們為什麼不在那裏被創造出來？依照特創論便很不好解釋。（頁四六二、末行，頁四六三、三行）

冠學按：達爾文所謂特創論，就是指生物由神特別創造的說法。達爾文在《物種起源》一書中，時時不忘反問特創論，這問題怎麼交代那問題怎麼交代的話。因為問話都十分幼稚，筆者都未加以理會。這裏當做樣本，給以作答。

按海洋島（大洋島）都是後起的，年代都不是很久遠。老天創造生物並不是這麼新近的事。生物的創造都很有些年代，可以說，在這些海島形成之前很久，老天早已在廣大大陸上把生物創造出來了。達爾文在下文說：「依照特創論的一般觀點，不能說那裏沒有足夠的時間來創造哺乳動物；許多火山島是十分古老的，從它們遭受過的巨大陵蝕作用以及從它們第三紀的地層可以看出，那裏還是有足夠的時間來產生本地物種。」（頁四六三、倒五行）火山島光禿禿，寸草不生，何來食物養活動物？只要那裏有食物，那裏便有動物。但哺乳動物則關涉遷徙的可能性。至於說到「那裏還是有足夠的時間來產生本地物種」，筆者倒要反問達爾文，既然「有足夠的時間」，為什麼他的自然發生論未在這些火山島演化出道道地地的「本地物種」來？真奇怪，達爾文怎會忘記了反問自己？當然是他的頭腦不好！我們一再指出過，這種腦力不足以言學問學術。按如果生物是神所造，我們不能排除神不在海島上創造的可能性。如澳洲大陸是一塊孤地，神在那裏創造了有袋哺乳動物，在適當的年代裏使它孤立，讓它保持這一系列創造的成果，這樣的用意是可以理解的。如達爾文所說，在火山島上「那裏有足夠的時間」，也就是說，已備有充足的食物，神在那裏創造某種動物當然也有可能，這種創造必然是隔離的特有種，如夏威夷群島以及加拉巴哥群島的動物，只做稀世的珍寶來看待。至於達爾文所主張的自然發生說，卻不像神造論那樣自在自由，因為自然發生一定要遵循演化的途徑，島上一定要有先期整系列的動植物的連續，自然演化纔有可能繼續創新，而神的創造則不必受此限制，祂可自大陸整系列動植物挈取其最後一種在基因上加以改組而後放置於可能長久隔離的海島上即可。如果自然演化是事實的話，隔離的海島絕非是新種演化的可能場所，這一點是很明白的。至於達爾文所舉大陸澤地的舊動物蛙、蟾蜍、蠑螈等等，除非有機會傳播到海島，自無必要再行創造，凡是創造必然是新的、第一次的，而不是舊有的、第二次的，這也是很明白的事。但如果是自然發生，複出是不可避免的事實，發生於甲地甲時的某一種生物，也可能發生於乙地甲時或乙時，只要有整系列演化的事實存在的話，只是，如我們已經指出的，海島並不是自然演化的可能場所。

按達爾文所以會寫下這些話，因為加拉巴哥群島沒有這些兩棲類。然而只要他有有效的思考力和廣泛的智識，他便不至於提出這樣幼稚的質問。

八五、加拉巴哥群島

加拉巴哥群島有二十六種陸鳥，其中有二十一（或二十三）種是特有種。加拉巴哥群島和南美洲的距離，如同百慕達和北美洲的距離，但百慕達特有種的陸鳥一種也沒有。（頁四六〇、四行）

冠學按：達爾文又遇到了困難了，也即是說，他的學說又出問題了。達爾文滿以為加拉巴哥群島的十三種鶯雀是隔離進化的產物，但如依此而推，百慕達也應該有隔離進化的特有種陸鳥，卻一種也沒有。達爾文解釋為百慕達常有北美大陸來的原種鳥，因原種交配而抑制了變異。那麼我們要問，是南美大陸的原種鳥沒有飛到加拉巴哥群島抑制該群島上的同種鳥的變異嗎？牠們一直不曾飛到加拉巴哥群島嗎？這是不可能的，既然北美大陸的原種鳥能夠源源不斷飛到百慕達去抑制早先到的同種鳥的變異，加拉巴哥群島便不能避免同一效果。可是據達爾文說，加拉巴哥群島，卻有二十一（二十三）種的特有鳥，這要怎樣解釋呢？從達爾文

達爾文認為南美洲颶風（即颱風），原鶯雀乘漂木順海流來到加拉巴哥群島。此圖有蛇，當然便不可能有鳥，沒有蛇的漂木纔可能有鳥。但漂木順海流，短則三個月，長則半年纔能到達加拉巴哥。即使有原鶯雀，鳥的食物是大問題，除非有不少漂木，吃完甲漂木上的昆蟲後，飛到乙漂木上去，否則原鶯雀必然要餓死。又達爾文認為加拉巴哥群島的巨型陸龜是漂來的南美小陸龜的隔離演化，這種意想，極為不可能。小陸龜被洪水沖入大河中，牠那短腳爪和腹甲，都不是能夠讓牠攀上漂木的有利裝備，而無寧說牠根本爬不上去。況且即使萬幸爬上漂木，海浪也會將牠打落海。意想容易，事實困難。依椰子島單一種鶯雀的例，這些加拉巴哥鶯雀和象龜，應該是造物主為這個群島做的特例物種。

地理分布的說法來看，這是無解的。據達爾文的說法，加拉巴哥群島原本是火山島群，沒有動物，現存群島上的動物，都不是自己有能力來到這裏的，牠們是南美大陸大暴風雨中被沖出海的樹木上的乘客，一路由海流漂來，到達群島後登陸的。按這一說有兩個困難：一、總有有能力飛到加拉巴哥群島的鳥類，一如北美大陸飛到百慕達的鳥類；二、五百萬年來（新近他們認為加拉巴哥群島的出現，約近於五百萬年），自南美大陸河口沖出海的樹木的乘客應該會源源絡繹地來，加拉巴哥群島，怎可能外於百慕達模式，有二十一（或二十三）種特有鳥呢？因為乘浮木而來的動物源源不斷地來，以鶯雀而言，如果牠們是乘客，陸陸續續來的必不止一種，且必成對，要孤立由單一種發展出十三種鶯雀，無論實際或理論，都是不可能的，因為會受源源不斷而來的原種的抑制。

> 位於赤道下的加拉巴哥群島，距離南美洲的海岸有五百至六百英里之遙（按約一千公里）。在那裏，幾乎每一種陸上的和水裏的生物都帶著明確的美洲大陸的印記。那裏有二十六種的陸鳥，其中有二十一種或二十三種被列為不同的物種，而且一般都假定牠們是在那裏創造（按即演化）出來的。可是這些鳥大多數跟美洲物種有密切的親緣關係，表現在每一性狀上，諸如表現在牠們的習性、姿態和鳴聲上面。其他動物也是如

此，大部分植物也是如此。（頁四六七、五行）

冠學按：達爾文在他的《小獵犬號環球航行記》（一八三九年出版）裏原本寫著：「關於陸鳥，我採集到二十六個種類，其中一種除外，全是這個群島的特有種，在其他任何地方都沒有遇見過。」達爾文有以偏蓋全（已不止是以偏概全）的惡習，因此說話一向誇張，因為誇張，故大欠實在。「在其他任何地方都沒有遇見過」，像這樣的話怎能輕易說出，即使全世界走透透，這種話還是不能說。臺灣蕞爾小島，至今還有不少鳥類未經登錄，單是筆者親目看到的便有三種鳥，是臺灣鳥書所未記載的。我們已指摘過達爾文在《物種起源》第一章的一句話：「我研究過全世界的家犬。」一個學者有這種惡習，他的學說的建立必然是大有問題的。達爾文既然有以偏蓋全的惡習，他的斷言便很不可信，怪不得《航行記》一八六〇年版上達爾文不得不加註更正說：「後來經過進一步調查，證明我過去認為是群島的有些特有鳥，為美洲大陸所有。故這個地區的特有鳥類得減到二十三種，甚至二十一種。」達爾文這個毛病或缺點，關涉到他的智力和心態，當然最重要的是，關涉到他的思考訓練。在這一方面，達爾文和一般常人無異，可以說一塌糊塗。實在說，這個水準的智力和思想訓練，還不夠格當著作家。

左下角是椰子島的單一種鷽雀，其餘十三種是加拉巴哥群島的鷽雀。左上角是剖葦科的鳥（于譯鶯），其餘樹上的是樹鷽。在地面的是地鷽，有小地鷽、中地鷽、大地鷽和尖嘴地鷽。在仙人掌上的是仙人掌鷽。啣小枝條的另名啄木鷽。世界各地都有相類似的大群鳥種，如來臺灣過冬的剖葦科的鳥便有十多種，原產西伯利亞或華北或東北，牠們在大陸上沒有隔離，受原種的抑制，不可能有變種分化，而事實是分化有許多種，用達爾文的隔離演化說講不通，可見達爾文的隔離演化無事實可以證明。而且後天習得不能遺傳 ，啄木鷽如何演化得成啣小枝條插入蛀孔引出蟲來吃的本能來？

有關鳥的方面出了這種問題，他說的「其他動物也是如此，大部分植物也是如此」，你信得過他嗎？

在其他動物方面，且以象龜（巨型陸龜）為例，在《航行記》裏，達爾文在引證過幾個人的見證之後，斷定各島的陸上象龜為不同種。但他攜回英國的標本都是幼龜，他說：「大概由於年齡太小，都不能從牠們身上找出任何物種的差異來。」人類的未成年者，沒有什麼顯明特徵的差異，成人後，士農工商，體型差異便浮現出來了，勞力者的手指粗短，勞心者的手指修長，全身肌肉骨骼十分不同，穿鞋者和打赤腳者腳掌的差異最可驚異，然而能夠據此而分為異人種嗎？構樹的葉形便很不一致。

在植物方面，達爾文還列了一張表，以詹姆斯島為例，該島共有七十一種植物，世界各地見過的佔三十三種，群島共有的有三十八種，詹姆斯島特有的佔三十種。那所謂「世界各地見過的佔三十三種」，也只有達爾文說得出來。

達爾文這種以偏蓋全的惡習，可再舉一例為證。「在詹姆斯島上有一種家鼠，屬於舊世界的鼠類。一百五十年來時常有船隻來到這些島嶼，這種家鼠，我只得認其為舊世界家鼠的變種。」

在加拉巴哥群島，甚至有許多鳥類極其適於從一個島飛到另一個島，可是各島上的鳥類還是不相同。例如：有三種密切近似的效舌鶇限於各自的島上。（頁四七〇、末行）

位置彼此相望，地理性質相同，高度、氣候相同，這樣的島嶼間，怎麼會發生各自的變異呢？即令變異量很小。長久以來這對於我是個難點。（頁四六九、七行）

假令查塔姆島上的效舌鶇被風吹到查理士島上去，而該島已有另一種效舌鶇，為什麼牠應該成功地定居在那裏呢？（頁四七一、二行）

冠學按：達爾文被難點所困，提出了解釋：認為既然甲島上已有一種效舌鶇，縱使乙島的效舌鶇被風吹到了甲島，因為人家已有原住民，乙島的效舌鶇自無立足餘地了。讀者你認為達爾文這種解釋通嗎？達爾文開口生存鬥爭，閉口生存鬥爭，乙島的效舌鶇能否在甲島立足，這要由牠的鬥爭實力來決定，而不是由達爾文的童話式的意想來決定。達爾文用這種童話式的觀點來說明何以各島有不同的變異，因為各島的鳥飛到別的島上去不能立足，因此長久下來，因隔離而互相愈趨愈異，終於分成不同的種。有誰能聽得這樣的童話來入耳呢？下文達爾文明舉「先行佔據」來解除他的難點。

在同一大陸上，「先行佔據」對於阻止在相同物理條件下棲息於不同地區的物種的混入，大概有重要的作用。例如：澳洲東南部和西南部具有幾乎相同的物理條件，並且由一片連續的陸地聯絡著，而這些地區卻有巨量的不同哺乳動物、鳥類和植物棲息著。（頁四七一、十一行）

冠學按：達爾文用「先行佔據」這種講法來解釋澳洲一例，又是童話式的，幼稚之至！若先行佔據能有效排斥阻止混入，地球自海通以來，各地皆有歸化物種，人類都未能避免，南非和美、澳有白種移民侵入，不止原住民「先行佔據」無用，且瀕臨種族滅亡的危象。如果先行佔據有效，便也沒有「喧賓奪主」這個成語了。印加帝國消失了，印第安人退居保護區，澳洲土著存亡未卜，這都是顯例。澳洲原無兔子，白人引入後，至於不可制禦，一九五〇年，從北美洲引入黏液瘤病的傳染病，澳洲兔患纔得以抑制，但幾年後因免疫力的產生，兔患又起。澳洲的有袋類哺乳動物，如今正承受被引入的胎盤類哺乳動物的逼迫。達爾文自己便說：「經過人的媒介而歸化的許多物種，曾經以驚人的速度在廣大地區裏進行散布。」（頁四七〇、倒五行）常人思維缺乏統攝能力，會造成生活的災難。學者的思維也缺乏統攝能力，這將是學術的災難。不幸的是，達爾文正是這樣的一個人，他的思維缺乏左右前後上下兼攝的能力，故立論既不能周延，又常陷於自相矛盾而不自知。

物種的地理分布，用童話式的思維來解釋，只見其幼稚，不見其效用。像澳洲東南部西南部的物種割據，只要看一看我們臺灣的另一例，便一切明白了。臺灣是一個整體的海島，西部有鳥曰白頭翁，東部有鳥曰烏頭翁，都是特有種（一說白頭翁也分布在中國嶺南一帶），二種鳥，無論形狀、習性，全同一，屬鵯科，除了頭頂上戴白帽或烏帽之外，絕對不可分辨，而分布有如世仇，涇渭分明，不越雷池一步，比澳洲東南部西南部的例子更為極端。達爾文的「先行佔據」既已講不通，只好說是造物主的本意，其他無解。

這裏我們想回過頭來，檢視達爾文的文字：

> 在加拉巴哥群島，甚至有許多鳥類，極其適於從一個島飛到另一個島，可是各島上的鳥類還是不相同。（頁四七〇、末行）
>
> 因為這個群島絕對不受風暴的影響，所以無論鳥類、昆蟲或輕質種子，都不能被風從一個島輸送到另一個島去。（《航行記》頁四九九）

冠學按：顯然這兩本書的說辭是互不相容的。可見達爾文慣於信口胡說，他的《物種起源》

便是他信口胡說的一堆大總匯，信得嗎？我們這是第一次遇見腦子雜亂到這樣不可收拾地步的著作家。這裏涉及第一個鳥種，亦即在《物種起源》第四六九頁的「一種移住者」「最初在群島中定居下來」的可能性，《航行記》第四七五頁的「由於這個群島原本缺少鳥類，後來由外頭引進了一個物種」的可能性。依《航行記》既然這種不善遠飛的鶯雀無法由外地來到本群島，本群島的鶯雀又無法分散到各島去，那麼「完全的級進」的變異的講法，豈不成了一場夢囈？

據達爾文採集到的二十六種陸鳥，有稻雀一種，為北美的物種，非加拉巴哥群島所特有；其餘二十五種都是加拉巴哥群島的特有種，其中十三種鶯雀是達爾文認為由某同一原種分化而來；一種鷹，介於美洲兀鷹和食屍肉的卡拉鷹之間，為本群島的特有種——我們覺得很奇怪，按照鶯雀在隔離狀態，分化為十三種，這種鷹，至少也得分化出幾種來纔是；小鴞二種，屬於歐洲短耳白色倉鴞，只有二種——我們也覺得隔離分化和十三種鶯雀不均衡；歐鶲一種——我們更覺得全無分化是不合理的；食蟲的兇猛鶲科有三種——達爾文說據鳥類學家的意見，其中的一種或二種乃是變種，如此看來，其實只有一種；鴿一種——據隔離分化原則單一種是講不通的；燕一種——也不合隔離分化原則；效舌鶇三種，其中一種和另二種截然不同。此外，達爾文還有十一種涉水禽和水禽的標本，其中只有三種是新的物種，換句話說，有八種不是群島的特有種。本來海鳥善飛，要成為特有鳥很難，但這八種中有一種水秧雞卻是極不善飛的鳥，這種水秧雞依照達爾文的十三種鷽雀的分化，至少也得分化出幾個種來，而事實也沒有。後來卓越的鳥類學家斯克萊特先生告訴達爾文，達爾文認為是本群島特有種的二十五種中有兩種也在美洲大陸上出現，而且另有二種大概也是美洲大陸種，因此扣除四種後，真正本群島的特有種，只剩二十一種。

我們所以不憚煩覼列出這些鳥種的數目，是要讓讀者看到，這裏有達爾文隔離分化原則站不住腳的事實存在。況且生物突變必有基因的改變，像十三種鷽雀嘴形的改變，在自然機率上乃是小至不可能的。除非是造物主的有意基因改組，後天習得後天適應不能入基因，我們透過全書已一再詳論過。即使撇開基因不談，我們不問別種鳥，只問稻雀一種，牠來自美洲大陸，和鷽雀身世最為相似，鷽雀發展出十三種，稻雀為何一直保持其外來客的孤獨身分而未有演化分化？稻雀既然一直未有演化，十三種鷽雀也應該都是原種，而不是本群島演化出來的物種。

我們不爭什麼，只爭合理合事實而已。達爾文的隔離演化既不合遺傳原理也不合事實。

J. Z. Young 在其 *The Life of Vertebrates* 一書中，有一節專談達爾文鷽雀，也連帶談到其他的鳥類和爬蟲及植物。他這一節文字，隱伏著許多問題，筆者覺得有揭發出來的必要：

杜鵑、鶯（日本人剖葦科叫鶯科，于譯便直接寫做鶯）和暴鷄，在所有各島上完全一樣，並且重要的是都與南美大陸的種非常接近，因此推想這幾種鳥是最近到達的。（于譯七〇一頁）

冠學按：人先存有成見，然後將此成見去推展，這樣便成立了一套學說。我們不反對人人推展成見去建立學說，但我們要求拿出實據來。Young 句末的話，若只是推想而非有實據，則自達爾文以至 Young，這種推想都極可能是違背事實的。科學的特性在於有幾分證據說幾分話，Young 全無證據而作此斷言，他的話沒有多少價值，即真實性不能確定，當然他的話是複述達爾文。

這些雀類作輻射演化而形成一系列生活習性極其不同的鳥，有很多且已與雀類相去甚遠。（于譯七〇二頁）

冠學按：Young 這些話非常嚴重，達爾文便是先認定十三種同一祖，然後用這認定來認定這十三種鳥出於同一原種的演化，這是極為嚴重的循環論證。Young 的話中「有很多且已與雀類相去甚遠」，這明明白白顯示這些鳥，若不帶成見去看，「有很多根本不是雀類」，既然有很多不是雀類，又怎能歸在「十三種鶯雀」的名目下，而逕認定其同出一祖呢？我們要特別指出的是，達爾文的整部《物種起源》生物同出一祖說，原來是出於加拉巴哥的循環論證。

該亞科的第三類與鶯類為趨同相似。以前很多人認為鶯與加拉巴哥的其他雀類顯然不同，現今則認為無論在身體構造或生殖習性方面，均彼此相似。不過鶯可能在較早以前即已分歧而出，現今在各島上均有其蹤跡。（于譯七〇三頁）

冠學按：這一小段話，我們讀過的印象是太多的「認定」，什麼都出自認定，事實是什麼誰也不知。像這樣明確具體的鳥，竟可以有完全正相反的認定，且可有「較早」的認定，這些認定也未免太隨便了罷。讀者你以為像這樣完全不根據事實，只做主觀認定的所謂學說，可信嗎？

起初都像雀類，以後則改變而有的像山雀，有的像啄木鳥，有的像鶯。（于譯七〇三頁）

冠學按：「起初都像雀類」，「起初」是誰看見的？有五百萬年前（Young 以為「可能不到五百萬年」，見七〇一頁）的目擊者來做為人證嗎？或有五百萬年前的鳥體實物、照片或錄影來做為物證嗎？至少也該有化石做為間接物證罷？都沒有！那麼 Young 或達爾文是憑什麼斷言「起初都像雀類」呢？讀者，你不會認為這根本是一場「自由心證」嗎？自由心證足可以建立學說嗎？

> 吾人至今還無法對於發展為各種不同動物的支配因子，提出絕對明確的概念，縱然對於如此十分簡化的例子，也難以提出具體的說明。（于譯七〇五頁）

冠學按：Young 既然自認無知，又怎能有所主張，表明為一種確鑿有自信的明知呢？筆者不想再多說話，此事便交由讀者去審判罷！

附錄：《地球上的生命》（D. Attenborough 著，唐文娉譯）一段書的討論：「夏威夷的蜂蜜收集鳥給予我們最好的例證，說明鳥類為了適應求食的需要而改變喙的形式。這種鳥的祖先可能住在美洲大陸，身體和麻雀一般大小，嘴短而直。幾千年前牠們之中的一群可能受一陣怪風雨襲擊，漂流到夏威夷群島來。由於移到這新形成的火山島，鳥兒只發現豐茂的森林，沒有其他鳥類，為了適應新地方新的捕食方式，牠們很快分成幾個小種族，各自適應所在地食物的不同，喙的形狀也多少有些變異。食海藻的有厚而短的喙；吃腐肉的則彎曲而有力，便於撕咬；有一類鳥的喙長而彎曲，可以吸取山梗花裏面的花蜜液；另一類的上喙比下喙長一倍，這樣可以撬開樹皮，挑出象鼻蟲；還有一類鳥的喙呈交叉形，很明顯是為了在花苞裏面捉昆蟲。達爾文早就注意到加拉巴哥群島鶯類（按應該是鶯類）鳥喙的不同，認為正是他物競天擇理論的明證。只可惜他沒有運氣前往夏威夷一睹這種鳥的風采，要不然他會使他的論點更具說服力。」又是一篇童話。我們來分析這一段書。首先，夏威夷群島距離最近的北美洲大陸的加州海岸有三千公里，有可能移居過來嗎？而且「被怪風襲擊」，能不落海嗎？其次，「幾千年」間，居然變化出這麼多樣的種族，作者連達爾文的演化須非常長時間這個假設都一無所知，而且還說「為了適應新地方新的捕食方式，牠們很快分成幾個小種族」，那「很快」兩字要是達爾文能夠看到，他定會嚇一跳，大大驚訝，他的進化論後繼者，居然把他的演化當變戲法看待。但這類著作充斥市場，Young是本世紀（二十世紀）有數的大學者，也好不了多少。再其次，關於「適應求食的需要而改變喙的形式」，我們要反問，南美的巨嘴鳥，有一張巨大的嘴，卻只吃軟而小的果實，試問牠的巨嘴是適應這些小軟果實而形成的嗎？犀鳥、海雀的巨嘴呢？又是適應了什麼？按這一段話所表達的是，作者對遺傳原理的完全無知。但這種論調，達爾文自己便處處是，可以說作者對遺傳原理的無知，是繼承了達爾文。後天習得、生活適應、微變之不能入基因，之不能遺傳，我們一再詳論過。D. Attenborough 和 J. Z. Young 因為對此完全無知，纔能面不改色，和達爾文一樣，侃侃地寫下令人羞愧的話。生物是這麼如意「為了適應生活，很快便可以任意改變其身上的一器官」嗎？人想飛，便會自動生出翅膀嗎？世界各地都有上引這一段書中提到的鳥的嘴形，都有達爾文十三種所謂鶯雀的各種嘴形，這些嘴形，即使要演化，須多少時間纔能累積足夠的機率？達爾文無知，Young 可以無知嗎？如果學術是無知的意想，學術豈不是全成了神話或童話了嗎？

大腸菌和一般細菌或病菌，乃是單細胞生物，故其生活經驗或生存適應直接可入基因，這是病菌可能產生抗藥性品種的理由。昆蟲也可產生抗藥性，這是農藥直接侵入其細胞中而且及於生殖細胞基因的緣故，凡此皆可遺傳。至於高等多細胞生物，以人類為例，人類有勤服砒霜，以防備被謀殺的個體，個體可具抗砒霜性，但不能遺傳。又有人勤受蛇毒，終至不畏蛇咬，但亦不能遺傳。這有如麻疹，得過的人終身免疫，而不能遺傳，是一樣的。其所以不能遺傳，理由在於這些毒適應未能入於生殖細胞中的緣故，假使能入於生殖細胞中，便能夠遺傳了。二十世紀下半葉進化論學者，往往單方面以細菌和昆蟲的抗藥性遺傳，大張其生物進化的旗幟，而振振有詞，其實是知其一不知其二，知其然而不知其所以然。

近今達爾文的後繼者，舉夏威夷群島為例，說來自美洲的一種原雀，已在夏威夷群島分化為四十種雀，幾百萬年前被風吹到夏威夷群島的果蠅，已分化為五百種至一千種，而東非大湖中則有慈鯛魚的分化，單是維多利亞湖一個湖，七十五萬年來，便分化出兩百種慈鯛魚。科學重數據（一八八三年凱文勳爵 Lord Kelvin 提出這個觀念），但這些數據和加拉巴哥鶯雀是同例，不能增加什麼確信度。最重要的是遺傳原理，沒有遺傳原理的依據，擺出多少類例，列出上千上萬的數據也無意義。單以加拉巴哥群島的鶯雀而論，最多只有橡皮筋效應，以嘴形而論，只能在相當小的幅度內擺盪，而不論怎樣擺盪，小嘴種終究是小嘴種，中嘴種終究是中嘴種，大嘴種終究是大嘴種。地鶯終究是褐黑色，樹鶯終究是綠黃色，截然改變不了。由自然進化，終究無解。而自然進化論者又拒絕神造說，他們也只能永遠在遺傳原理外兜圈子徘徊了。

這裏筆者願意退讓一步來討論科屬之內，有無種的移動的問題。假設造物主造了某一科或某一屬的原種生物，在其基因中備有數十乃至數百的別組隱性基因，因而發展出一個屬或一個科的整個族群，只要造物主是如此造物，一個屬或一個科的各物種的陸續產生，我們名為演化，甚至名為自然進化，這是可以成立的。但此種揣測，還得多觀察深加研究，否則也只能說是猜測而已。至於要在魚類的基因中，賦予兩棲類的別組基因，令其自然進化，這在技術上，有不可克服的困難。我們不是懷疑老天的能力，這即便是老天也是辦不到。這裏顯明地須待老天的躬親做基因的整個改造方纔有可能。基因，不是物質自然演化演得出來的，這是絕對真理，也是絕對判決，自然進化論者要在這裏主張物質自契，乃是昧沒良知的行為。基因，除了老天以外，沒有來歷。故自然進化論縱使在科屬以內講得通，跨出科屬這個門檻，那裏便是天塹，那裏便是進化的斷層，我們要鄭重聲明。寒武紀大爆發，一切綱目科屬都像是突出冒出，化石上這些現象，是不刊的明證（這裏說一切綱目是限於十個門）。

兩性生殖基因配變，甚至雜交混血的基因配變，都很有限，自然進化論者往往在這裏做過量的想像。真正可能自然進化形成科屬的，還是要靠造物主的伏筆，即隱性別組的基因。據最近的研究，加拉巴哥群島的十三種鷽雀（現時定的十三種和達爾文時代所定的十三種不盡相同），據說有六種地鷽基因有百分之九十九完全相同，這有多大意義？黑猩猩和人類的基因也是百分之九十九完全相同，且看黑猩猩和人類有多大差異？除非心智不清，無人會意想黑猩猩會生出人類，人類會生出黑猩猩，這是截然的異種！那麼六種地鷽，是同祖自然分化呢？是造物主分造的原種呢？這已經很明白。我們極願意退一步贊同自然進化論，但那必是出於造物主的伏筆別組基因的由隱而顯，除此以外，自然進化的可能性是零。基因內無新內容的所謂兩性生殖基因配變，或雜交混血的基因配變，新種又何由產生？這是很簡單的邏輯，自然進化論者又不是孩童，難道能夠一直編童話來自欺又欺人嗎？

一九六七年夏威夷群島中的雷森礁島移走一百多隻瀕臨絕種的夏威夷雀，轉放在真珠與使神礁島。據調查報告，二十年內，這些鳥種嘴形已有改變，即，在長短、寬狹、深淺上有了改變。這真是驚人的大事件，令人難以置信。改變的因由，據說是適應新環境的不同食物。據說首批原雀的嘴，其長短度、深淺度和寬狹度為中等，其後裔在東南礁島的，嘴較長，在北礁島的較短、較深且較窄。筆者認為這份報告是一篇愚蠢的神話。依照二十年間有這樣的演化速度推，數百萬年來，夏威夷雀嘴，不知道將演變成什麼模樣了，還能保有一般鳥類的常嘴而不變成豬八戒嗎？已開發國家的人民因食物豐足，生活閒逸，普遍肥胖，於是根據調查，立即指稱已開發國家的人種有急速的演化。這除了表示調查者有頭無腦之外，有什麼意義？加拉巴哥群島的鷽雀，自一九七三年起，有一對夫婦做過將近二十年的調查，他們選定一個小島叫大戴弗妮島，觀察島上的每一隻地鷽，共觀察過約二十代。原本雄心勃勃，想證明「活生生的進化」，卻是全盤失敗了。觀察的結果，地鷽的嘴，終究脫不出橡皮筋效應，伸伸縮縮，消消長長，到頭來還是維持一個常數值。夏威夷的觀察便是仿效加拉巴哥做的。其實只要事先清醒，略微思考一下，便知道這種觀察絕對無意義，果真有什麼變化，無論加拉巴哥或夏威夷，這些雀類早演變成了豬八戒雀了。許多事，都是出於人的不智，終歸成了庸人自擾。

E. Perrier 在其《史前的地球》一書中說：「如果動物所過的生活足以改變其器官的話，凡是攀緣動物都應該已獲得降落傘了。」以樹蜥蜴、樹蛙為例，如依照雷森雀嘴二十年內有明顯的演化的調查報告，這二種攀緣動物早該生出翅膜了。二十世紀（上一世紀也是如此）的學者，往往好撰作聳人聽聞的報告文字，用以干名，深考其內容，往往不是囿於成見，便是囿於個人的智力，加拉巴哥和雷森的報告是一例。

在加拉巴哥群島東北方六百三十公里外，有個椰子島（Cocos Island），此島距南美洲五百公里，島上有單一種所謂鷽雀，嘴形尖細，但牠們在食物上有各別的分歧，有的吃蟲，有的吃甲殼類，有的吃花蜜，有的吃水果，有的吃種子，各有專司，不相越俎。這是很奇特的一個現象。按照加拉巴哥群島、夏威夷群島雀嘴分化的說法，椰子島的雀嘴也應該分化。吃不同食物，會演化出不相同的嘴這種邪說，椰子島的單一種鷽雀是一個鐵一般的反證，足以摧毀達爾文整座虛構的演化大廈。E. Perrier 說的話，於此顯得更具真實性，更接近真理。其實加拉巴哥所謂鷽雀，單從圖片上看，顯明地至少分屬雀科、文鳥科、剖葦科乃至此外的一、二科。筆者未看到實物，已有這樣的觀感，如有機會一睹真物，當可以有明確的判斷。歷年來親到加拉巴哥的鳥類學家，看見各種嘴形的所謂鶯雀，聚在一起吃相同的食物，他們的觀感便不同於筆者從圖片上所得的觀感了。他們最後終於一致認為這些鳥，事實上是達爾文演化說的一個鐵的反證。怪不得達爾文雖自認為加拉巴哥鶯雀是他的演化觀念的起源，在《物種起源》中卻不敢採為論據，還得自己養鴿，用人工選擇來推論自然選擇。物種即使有推移，終在橡皮筋效應，老天的伏筆內。那麼加拉巴哥鶯雀演化說，是一場騙局呢？還是一場庸人自擾呢？

八六、鯨是魚或是獸？

決定生活習性的那些構造以及每一生物在自然組成中的一般位置，似乎被認為在分類上有高度的重要性（其實自古便已如此認定）。這是非常離譜的錯誤想法。沒有人會認為老鼠和鼩鼱，儒艮和鯨魚，鯨魚和魚的外在類似有什麼重要性。（頁四八二、五行）

冠學按：這一段話和達爾文的進化論沒有直接關係，卻有間接關係。品物分類是人的自然要求，但分類的標準往往出自人的見解，不是出自自然的系統。目前已被確定的生物分類並非出自自然的系統，而是出自人的見解，這些見解差不多便是以進化論為前提，進化論者用進化觀念來給生物分類，然後再用這種分類來證成進化論，是典型的循環論證。因此進化論的所謂親緣關係或分類的證據，沒有實際的價值。以老鼠和鼩鼱或鯨魚和魚為例，我們可做個考察。鼩鼱（見圖）是最小的哺乳動物，現時是被分在哺乳綱爪獸類食蟲目，一般的錢鼠（鼹）也屬於食蟲目。很少有人看過鼩鼱，但錢鼠則常見，牠們形狀都近似老鼠，但在生態平衡的角色上則跟老鼠不同路。鼩鼱被進化論者認定是靈長類的始祖，也就是說牠是人類的始祖，在進化論上地位頗為顯赫。鼩鼱最小者連尾算在內，不及八公分長，有的只有六公分長，是這麼小型的鼠類，漢字歸在鼠部，可見牠的實際身分。但分類上分在兩個不同的類中，老鼠屬於鼠形類齧齒目。這種分類是違背常情的。鯨魚和魚分類上更分屬不同的綱，鯨魚屬於哺乳綱鯨目，魚屬於魚綱。鯨字漢字也是屬魚部，分類也是違背常情。儒艮，屬於海牛類，生活在熱帶海中，又名人魚，有皮毛，有前肢，無後肢，其體制的設計，介乎獸類與鯨類之間，也是胎生，哺乳。魚類中有不少種類是胎生的，如海馬、海鯽、黃貂魚、星鮫、雙髻鮫，都是胎生，但不哺乳。鯨魚、海豚當然是胎生，而魚中便有肺魚，故將鯨類歸入魚類並無困難，困難只在人的見解。無論如何，鯨類歸入魚類纔算合理。但進化論者檢驗鯨魚血和野豬血，發現相近似，因此主張鯨魚是由野豬回頭再入海演化而成。這種選擇性的講法很奇怪，為什麼不能逆向說是鯨魚登陸演化成野豬？進化論者主張哺乳類是魚類登陸變為爬蟲再演化而成，那麼這種野豬↓鯨魚的反向演化豈不悖謬？試想想造物主想要在大海中安置超大動物，如藍鯨有三十公尺長，一百五十公噸重，產卵和用鰓呼吸，有可能嗎？如果有鯨卵在大海中漂盪，不會目標過大，被吃一空嗎？且不說海水溫度能不能孵化這個問題。如果鯨魚用鰓呼吸，這麼大的大動物，要不停地一呼一吸，堪受得了這種勞動嗎？而且氧氣的供給量能充足嗎？只要設想一下，便一切明白了。按人類吸氣一次只吸到肺容量的百分之十五，鯨魚則吸到百分之九十，故牠纔能夠潛水久至一、二小時（平常是十五分鐘）。

在分類上如將哺乳綱名為獸綱，鯨類的隸屬問題便不再有困難了，問題便出在哺乳綱這個定名上。

順便談談鯨魚的兩件事。鯨魚一胎產一尾小鯨，那麼牠有多少個乳頭？當然只有一對。在那裏呢？大概在胸脯罷？不是的，這一對乳頭藏在尾部。一尾藍鯨有三十公尺長，小鯨要多久纔找得到乳頭？小鯨出生是尾先頭後，一出生便要越過母鯨浮出水面呼吸第一口空氣。萬一小鯨做不到（卡在母鯨身下），母鯨和其他成鯨會趕緊將小鯨推出水面。鯨魚是野豬演變的嗎？從一對乳頭在尾部看來，可知此說的荒謬。小鯨一出娘胎便知道不能做水呼吸，而要做空氣呼吸，而空氣是在上方，不在下方，沒有靈魂的自然進化能有這種不教不學而知的良知嗎？

樹鼩鼱（*Tupaia*）

象鼩鼱（*Macroscelides*）

八七、達爾文的離譜怪譚

適於抓握的人手、適於掘土的鼹鼠的前肢、馬的前腿、海豚的鰭狀前肢和蝙蝠的翅膀，都是在同一形式下構成的，而且在同一相當的位置上具有相似的骨，有什麼能夠比這更加奇怪的呢？（頁五〇二、倒三行）

冠學按：這有什麼好奇怪的呢？它們都是造物主的設計。但達爾文說「奇怪」二字，是要大做文章的，他想要大書特書的，當然就是「進化」（自然進化）這二字。神造說講解起來這樣簡單明白，進化論的自然進化講解，卻要大費周章且落於不可信的下場。這些器官的差異各有十萬八千里，讀者你能夠同意達爾文的意想，認為這些作用差異這樣大的器官，是由自然盲目碰巧，從同一個原器官演變出來的嗎？這又是典型的童話思考模式。按 J. Z. Young 也說：「縱然遺傳學現今已有極大的進展，我們對於由步行的前肢轉變為飛翔的翅膀，所涉及的訊息改變量，仍無法作出數值的估計。」（見于譯《脊椎動物通論》第二十九頁）

我們在昆蟲口器的構造中看到這一偉大的法則（同源演化）：天蛾的極長而螺旋形的嘴，蜜蜂或龜蟲(bug)的奇異折合的嘴以及甲蟲的巨大的顎，有什麼比它們更加彼此不同的呢？可是用於如此大不相同的目的的一切這等器官，是由一片上唇、大顎和兩對小顎經過無盡變異而形成的。這同一法則，也支配著甲殼類的口器和肢的構造；植物的花也是這樣。（頁五〇三、倒四行）

冠學按：真是一派胡言！照真實承認是造物主的創造，何等簡單明白，卻硬要昧著良知，做這種「不法」的解釋，因而陷於進退維谷，「大費周章而又落於不可信的下場」。

我們要問：達爾文是依據什麼事實證據做這樣的主張，而他的徒子徒孫們或是一般世人，又是依據什麼，達爾文放個屁便相信他？這裏我們所看到的，是「無理性」三個字。

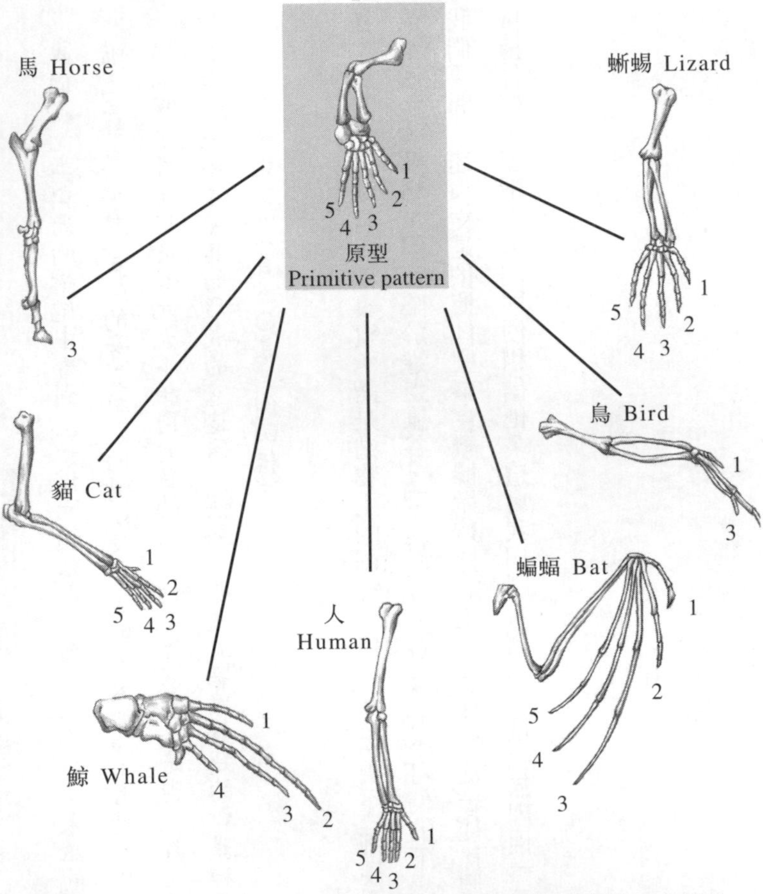

達爾文認為這些動物（包括人）的前肢，都是由某爬蟲的原型前肢演化而來。當然每個人都有權利對某事物做解釋，但解釋的正誤，須用事實來印證。筆者認為達爾文小時候童話聽得太熟了，纔會有這類童話式的意想，而這類意想已超過童話。

八八、達爾文的玄學、神話或童話

按照每一生物是獨立創造的通常觀點，我們只能說它是這樣的——即造物主依照祂的意思將一切動物和植物納入各大綱中在均一的設計下建造起來；但這並不是科學的解釋。（頁五〇四、三行）

冠學按：達爾文這些話讀來令人覺得非常可怕，以至於寒心。達爾文在寫了一段一派胡言之後，也自覺得沒道理，因而想起神造說，他真切感覺到神造說說得多麼透徹切實，不由得讚歎了出來，於是寫了這一段話。但他終究不能主張神造說，於是便無保留地說出了他的心內話：「但這並不是科學的解釋。」意思是，神造說不論是解釋得多麼圓滿，多麼切實，即使這便是真相便是真理，都不能算數，因為這並不是科學的解釋。從這裏可以看出，達爾文爭的不是真相真理而是立場。讀者你大概也感覺到達爾文這種不問青紅皂白，不問是非，不問是否真相真理的治學態度的可怕了罷！既然只有立場而無真是真非，這還算得是學問嗎？學問的究竟目的是在探求事象的真相，而達爾文卻說，你探求出了真相也不算數，除非你說的是科學的解釋。什麼是科學的解釋？科學的解釋也就是唯物論，就是用物來解釋一切，除了物，這宇宙間再沒有別的東西，所謂感情啦，愛啦，精神啦，理想啦，形而上的實體啦——靈魂啦，上帝啦，這一切都是子虛烏有。故探討生物的來源，物種的來源，只限定在物這個層面上去解釋，一旦不是在物的層面，便不算數。看到達爾文這番自我立場的表白，實在已經很明白，他並不是在追求真理真相，他是在主張唯物論，在擴張唯物論的勢力範圍。我們要問，達爾文的學說真的是科學的解釋嗎？很明白，他的學說根本不是科學的解釋，他的學說是另一種玄學，是另一種神學，神話甚或是童話。真正科學的解釋有個特性，知之為知之，不知為不知，科學的解釋是止於知，也止於不知，而達爾文的學說則反是。

八九、囟門的奧祕

正如歐文所說，哺乳類分娩時便於屈縮的分離囟門（頭頂骨的缺口）的好處，決不能用來解釋鳥類和爬蟲類頭骨的同一構造。（頁五〇五、倒六行）

冠學按：就哺乳類而言，頭頂分離的囟門便於幼體的出生，否則幼體出產門時，極可能壓破頭顱。這是設計，很明顯這是造物主的設計。但達爾文引歐文的話來反駁造物主設計這一解釋。歐文所舉的例子是鳥類和爬蟲類。歐文的原文我們未能看到，他的實例是什麼關係著這一論題。鳥類多數是樹上鳥，樹上鳥的蛋全都是早產蛋，用我們人類的話說，是不足月的。因為母鳥須在空中飛行，腹中蛋如「足月」，重量妨害飛行。故凡是樹上築巢的鳥蛋皆是「不足月的」，鳥鷇破殼而出時，全都是極端提早的早產兒，未開目，無羽毛，不能行走跳躍，只能爬行，從牠的頭部跟身軀一般大，兩眼佔去頭部的大部分，可以看出其嚴重早產。這種早產兒的囟門未合是合理的，若使此時囟門已合便不合理了。至於如產於澳洲的造塚鳥，一出蛋殼，羽翼已完就，能走能飛，即刻營獨立的生活，像這樣的始出殼鳥雛，乃是超足月生產，囟門早已合了。爬蟲類，如蜥蜴類，多數在頭頂上都有感光熱司變色的第三隻眼的眼洞，成蟲如此，幼蟲當然也是如此。歐文大概是將第三隻眼的眼洞誤為囟門未合，故不能理解。按頭殼的形成是採癒合式的，不是擴大式的，故不足月鳥類初出殼的幼鳥有未合的囟門，並未足驚怪。如果是自然機率演化，便不能避免有擴大式的，如貝殼便是。這又是生物出自設計，非出自自然機率演化的又一證。

成見往往造成蒙蔽，令爭論者思慮觀察不能周延，再加上學識、智力的限制，凡事知其然而不知其所以然，以至於形成一偏或一得的論據，竟至自以為是而振振有詞。

一般獸類，無論獵者被獵者，早產居多。凡早產者幼兒皆藏在隱祕處。所以會早產，完全是為母體設想。貓狗之於鼠兔，是兩對最常見的例。至於獅豹之於羚羊、斑馬、水牛則有異，獵者為了避免流產，必須早產，但被獵者若也早產，幼體未開目，則種族必歸於絕滅。造物主的用意到處可見，不能參透造化，即只知其然而不知其所以然，這樣的學力和智力，最好不要涉足學術的探究，以免擾亂天下的學問。

九十、胚胎種族重演說的錯誤

> 沒有比馮貝爾的敘述更好的了，他說：「哺乳類、鳥類、蜥蜴類、蛇類，大概也包括龜類在內的胚胎，在它們最早期的狀態中，整個的以及它各部分的發育方式，都彼此非常相似。」（頁五〇九、倒七行）

冠學按：胚胎的相似，表示其間有相關性，不相似則表示無相關性，這從神造說來解釋，甚為簡單明白，即它的被改造可能性，與非被改造的可能性都是充分的。但若從自然進化說來解釋，則這種可能性都是不充分的，亦即不可能的，尤其不相似性，更是無法說明。

後來德國的赫克爾(Hackel)便將馮貝爾的這一番話放大了，創為胚胎發育為物種演化的重演之說。但此說現在已被揚棄，不過它在一般人的腦子裏還是一直蟠踞著，成為自然進化論的一個最有力的證據。這裏筆者要再提醒被誤導了的一般自然進化論信徒，這個重演說早已過去了，因此應該從腦子裏除去。朱里安・赫胥黎在他的《進化之運作》一書中說：「照赫克爾學說講，個體發生史，實即物種進化史的重演；換句話說，個體的發展意謂重演進化的發展。這不是頂真實的，該生物祖先成年階段前的演化，個體的發展是表現不出來的。個體常常表現的，只是它的祖先進入發展階段後的演進。實際上這種個體發展史並非重複物種演化史。」又說：「如果我們認為重演說是這樣一種理論——是說在某些方面，什麼樣的物種演進就造成了什麼樣的個體發生，祖先成年後的發展，是自動地打進了後代個體發生的；這是不真的。」J. Z. Young 在他的 *The Life of Vertebrates* 一書中更明確地說：「一個生物體的基本構造型式，所謂原體型，會限制其適應性改變的可能性。這種情形在發育的早期各階段特別明顯，顯然會抵抗演化性的改變。此一事實也就是由 Von Baer（一八二八年）所確定的基本胚胎學定律的基礎，亦即胚胎之間遠較成體為相像。不過這個定律卻被Hackel（一八六六年）的『生物發生律』所誤解，後者認為『個體發生簡要地重複種族發生』，反而廣被引用。」（于譯上冊第八頁）按以最奇特的所謂鰓裂為例（請參看附圖），其實並不是什麼鰓裂，此處後來發展出幾個重要器官，如扁桃腺、胸腺、甲狀腺及耳咽管。Hackel 大大誤解，認為是魚類的鰓的遺跡。

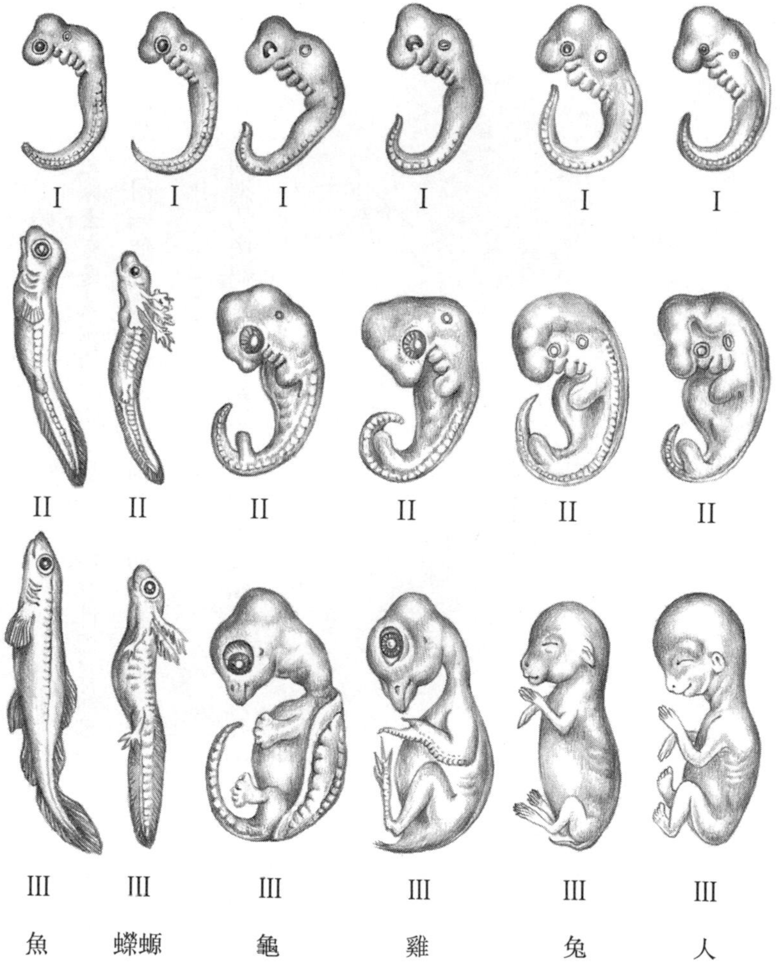

魚、蠑螈、龜、雞、兔、人的胚胎發生之各連續時期（自 I 至 III）。注意 I 為發生的最早期，此時各種動物都很相似，全有所謂鰓裂和尾。自 II 開始差異便愈來愈大。

最近盧伯克爵士有過透徹的說明：屬於生活習性迥異的目的若干昆蟲，其幼蟲甚相酷似，而屬於同一個目的其他昆蟲的幼蟲反而不相近似。（頁五一〇、末行）

冠學按：這真是創造的奧祕，正是創造的奧祕的展示，自然進化則絕對無此理。

九一、鯨齒

鯨魚的胎兒有牙齒，而長成後一個牙齒也沒有了。（頁五二〇、倒三行）

冠學按：鯨魚成體並非全都無齒，如抹香鯨、小抹香鯨、侏儒抹香鯨、白鯨、阿氏貝喙鯨、貝氏喙鯨、北瓶鼻鯨、南瓶鼻鯨、梭氏中喙鯨、安氏中喙鯨、胡氏中喙鯨、柏氏中喙鯨、傑氏中喙鯨、銀杏齒中喙鯨、哥氏中喙鯨、賀氏中喙鯨、長齒中喙鯨、初氏中喙鯨、朗氏中喙鯨、祕魯中喙鯨、史氏中喙鯨、謝氏塔喙鯨、柯氏喙鯨、虎鯨（又名殺人鯨、逆戟鯨）、偽虎鯨、小虎鯨、短肢領航鯨、長肢領航鯨、瓜頭鯨及河豚海豚皆有牙齒。這裏所以不憚煩覶列出來，乃是要顯示達爾文治學欠嚴謹不負責，輕易下斷語，這是他的風格，非常糟。

按真正可奇怪的是，本世紀（二十世紀）胚胎學的研究，據說黑猩猩的胎兒未成熟前有包皮和處女膜，出生時卻又消失了。因此現代進化論學者便主張人類是黑猩猩的幼體成熟（也是達爾文老風格），意思就是說人類是黑猩猩未成熟胎兒停止向前發育，由這個階段直接成熟而來。達爾文風格不僅僅產生了達爾文的全套童話神話，在這裏更是產生了匪伊所思的「漫話」。有這等事嗎？

又現代分子生物學家說，黑猩猩的基因有百分之九十九和人類的相同。這個數據更加強了黑猩猩和人類的關係，說黑猩猩是人類的老祖宗都不會太過分了。按人類有染色體四十六副，染色體是由四種核苷酸組成，每副染色體共有二百億個核苷酸，人類基因與黑猩猩基因有百分之一的差異，那麼這麼說來，人類有九十二億個核苷酸與黑猩猩排列不同，九十二億除以三，約有三十億組核苷酸的不同，這個數字實在太大了，這裏面的變化簡直不可以計算。科學家們很喜歡玩數字魔術，但現前的這個數字魔術，要把黑猩猩和人類的關係拉近，卻看不出有什麼意義。

我們倒要反問黑猩猩胎兒的包皮和處女膜，到底是重演了那個先祖的體制？難道竟是預演了人類的體制嗎？這豈不是反進化倒進化了嗎？

按齒鯨有七十五種，鬚鯨纔只有十種。

九二、達爾文的偽證

我們從我們家養生物的研究中得知，器官的不使用導致了它們的萎縮；而且這種結果是遺傳的。（頁五二五、四行）

冠學按：魏斯曼已由實驗徹底否定了達爾文這個說法，而達爾文的說法，從語氣上看，似乎是由實驗實證的，那麼這裏達爾文便成了偽造偽證了。

九三、殘跡器官？

殘跡器官可以與一個字中的字母相比，它在發音上已無用，而在拼音上仍舊保存著，但這些字母還可以用作那個字的起源的線索。（頁五二七、三行）

殘跡的、不完全的、無用的或者十分萎縮的器官的存在，對於舊的生物特創說來說，必定是一個難點。（頁五二七、五行）

冠學按：十九世紀有個德國學者 Wiedersheim 列出了人體的無用器官達一百八十餘項，這些器官，被稱為退化器官、痕跡器官，已無實際效用。如我們眼睛靠鼻樑這一端有個三角形褶疊，那是瞬膜，在一般脊椎動物，是會向眼尾瞬動擦拭眼珠的，人類卻只當裝飾品。又如我們也有三條動耳肌，卻無法用來搖動耳朵。再如闌尾（盲腸的末端），卻只會引起闌尾炎（俗稱盲腸炎）而送命。他如尾骶骨也全無作用。在達爾文的時代，這種殘跡器官之說風行一時，大家因此認定人類是古老不堪的一種動物，滿身廢物，因此將這種表示人類衰老的無用器官割除的風氣甚為盛行，如甲狀腺也被列為殘跡器官，一些趕時髦的科學信徒，為了表示進步，便率先割除，有一百多人因此喪命。甲狀腺的作用可大了，新陳代謝全靠它，人沒有這個腺體便絕對活不了。某些宗教，嬰兒受洗，男嬰割除包皮，女嬰割除陰蒂。光復前後，臺灣有智識社會，流行割除扁桃腺。盲腸，大家都對它存有幾分恐懼，但幼兒的盲腸，有良心的醫生沒有一個肯給割除，它大有作用在，闌尾富於淋巴組織，時時在防衛細菌的侵入。說尾骶骨是贅物，好了，誰願意切除，看他切除後坐著礙不礙直腸？新生兒的胸腺特大，成人特小，胸腺當然也被列為殘跡無用的器官，對成人或許無用，對幼兒可是有用的，血液中第一批淋巴球是自胸腺產生的，可見其為重要器官。腦下垂體也被列為無用器官，腦下垂體的作用可大了，它產生生長激素，激勵全身的內分泌腺。

到底人體有多少真的是無用的殘跡器官呢？如男人的乳頭，大概真是無用的器官罷，可是它們有裝飾的作用，並且明白基因的隱性顯性作用的人，便知道無論男人女人，在基因結構上是完全一樣的，只是有隱性顯性的差別而已。女人所具有的一切器官男人的基因也全有，反之，男人所具有的女人也全有，只是被發用或未被發用有差別罷了。故男人也有乳頭（未發達的乳房），女人有陰蒂（未發達的陰莖），說它是殘跡器官便顯得認知有欠缺了。人類是造物主的掌上明珠，若使動耳肌真有作用，像牛馬狗彘那樣能抽動耳朵，豈不大損尊嚴？而瞬膜如真有作用，不止全體人類尊嚴掃地，而且妨害今日高速行車——這早就計算在內了。

我們早在本書第一頁便表明過，即使造物主創造萬物，也不是樣樣無中生有，除了最初物種，其後的物種，祂是就既有物種來改造為新物種的，故就這個意思來說，所謂殘跡器官，可以有，也可以無有，而萬物的親緣關係當然是存在的。像動耳肌、瞬膜，既然考量其有損人類的尊嚴，只要凍結了它便得了，不必定要剔除。人類果真是出自自然進化，動耳肌和瞬膜反而是必不會凍結，這是又一個反證。至如猿與人無尾的設計，前物種的尾器官當然在改造中是一定要給以剔除的。由此，我們看到，造物主的創造也是級進的，只是它必然是大級進，而不會有中間類型。若萬物是自然演化，假定它是可能的話，一條分明的道理便擺在那裏，它必須是小級進，必須是有連鎖的中間類型，這是二者的大差別所在。我們透過全書的討論，肯定後者不是事實，因為它沒有事實的支持。我們所看到的事實，與前者完全符合，最重要的一點，無論無機世界或有機世界，都合乎目的性，而這是自然進化所不能有的。

三民叢刊書目

①邁向已開發國家　孫　震著
②經濟發展啟示錄　于宗先著
③中國文學講話　王更生著
④紅樓夢新解　潘重規著
⑤紅樓夢新辨　潘重規著
⑥自由與權威　周陽山著
⑦勇往直前
　・傳播經營札記　石永貴著
⑧細微的一炷香　劉紹銘著
⑨文與情　琦　君著
⑩在我們的時代　周志文著
⑪中央社的故事（上）
　・民國二十一年至六十一年　周培敬著
⑫中央社的故事（下）
　・民國二十一年至六十一年　周培敬著
⑬梭羅與中國　陳長房著
⑭時代邊緣之聲　龔鵬程著
⑮紅學六十年　潘重規著
⑯解咒與立法　勞思光著
⑰對不起，借過一下　水　晶著
⑱解體分裂的年代　楊　渡著
⑲德國在那裏？（政治、經濟）
　・聯邦德國四十年　郭恆鈺 許琳菲等著
⑳德國在那裏？（文化、統一）
　・聯邦德國四十年　郭恆鈺 許琳菲等著
㉑浮生九四
　・雪林回憶錄　蘇雪林著
㉒海天集　莊信正著
㉓日本式心靈
　・文化與社會散論　李永熾著
㉔臺灣文學風貌　李瑞騰著
㉕干儛集　黃翰荻著

㉖作家與作品　謝冰瑩著
㉗冰瑩書信　謝冰瑩著
㉘冰瑩遊記　謝冰瑩著
㉙冰瑩憶往　謝冰瑩著
㉚冰瑩懷舊　謝冰瑩著
㉛與世界文壇對話　鄭樹森著
㉜捉狂下的興嘆　南方朔著
㉝猶記風吹水上鱗
・錢穆與現代中國學術　余英時著
㉞形象與言語
・西方現代藝術評論文集　李明明著
㉟紅學論集　潘重規著
㊱憂鬱與狂熱　孫瑋芒著
㊲黃昏過客　沙究著
㊳帶詩蹺課去　徐望雲著
㊴走出銅像國　龔鵬程著
㊵伴我半世紀的那把琴　鄧昌國著
㊶深層思考與思考深層
・轉型期國際政治的觀察　劉必榮著
㊷瞬間　周志文著

㊸兩岸迷宮遊戲　楊渡著
㊹德國問題與歐洲秩序　彭滂沱著
㊺文學關懷　李瑞騰著
㊻未能忘情　劉紹銘著
㊼發展路上艱難多　孫震著
㊽胡適叢論　周質平著
㊾水與水神
・中國的民俗與人文　王孝廉著
㊿由英雄的人到人的泯滅
・法國當代文學論集　金恆杰著
51 重商主義的窘境　賴建誠著
52 中國文化與現代變遷　余英時著
53 橡溪雜拾　思果著
54 統一後的德國　郭恆鈺主編
55 愛廬談文學　黃永武著
56 南十字星座　呂大明著
57 重疊的足跡　韓秀著
58 書鄉長短調　黃碧端著
59 愛情・仇恨・政治
・漢姆雷特專論及其他　朱立民著

(60) 蝴蝶球傳奇　顏匯增著
・真實與虛構
(61) 文化啓示錄　南方朔著
(62) 日本這個國家　章　陸著
(63) 在沉寂與鼎沸之間　黃碧端著
(64) 民主與兩岸動向　余英時著
(65) 靈魂的按摩　劉紹銘著
(66) 迎向眾聲　向　陽著
・八〇年代臺灣文化情境觀察
(67) 蛻變中的臺灣經濟　于宗先著
(68) 從現代到當代　鄭樹森著
(69) 嚴肅的遊戲　楊錦郁著
・當代文藝訪談錄
(70) 甜鹹酸梅　向　明著
(71) 楓　香　黃國彬著
(72) 日本深層　齊　濤著
(73) 美麗的負荷　封德屏著
(74) 現代文明的隱者　周陽山著
(75) 煙火與噴泉　白　靈著
(76) 七十浮跡　項退結著
・生活體驗與思考
(77) 永恆的彩虹　小　民著
(78) 情繫一環　梁錫華著
(79) 遠山一抹　思　果著
(80) 尋找希望的星空　呂大明著
(81) 領養一株雲杉　黃文範著
(82) 浮世情懷　劉安諾著
(83) 天涯長青　趙淑俠著
(84) 文學札記　黃國彬著
(85) 訪草（第一卷）　陳冠學著
(86) 藍色的斷想　陳冠學著
・孤獨者隨想錄
A・B・C全卷
(87) 追不回的永恆　彭　歌著
(88) 紫水晶戒指　小　民著
(89) 心路的嬉逐　劉延湘著
(90) 情書外一章　韓　秀著
(91) 情到深處　簡　宛著
(92) 父女對話　陳冠學著

⑨③陳冲前傳　嚴歌苓著
⑨④面壁笑人類　祖　慰著
⑨⑤不老的詩心　夏鐵肩著
⑨⑥雲霧之國　合山　究著
⑨⑦北京城不是一天造成的　喜　樂著
⑨⑧兩城憶往　楊孔鑫著
⑨⑨詩情與俠骨　莊　因著
⑩⓪文化脈動　張　錯著
⑩①桑樹下　繆天華著
⑩②牛頓來訪　石家興著
⑩③深情回眸　鮑曉暉著
⑩④新詩補給站　渡　也著
⑩⑤鳳凰遊　李元洛著
⑩⑥文學人語　高大鵬著
⑩⑦養狗政治學　鄭赤琰著
⑩⑧烟　塵　姜　穆著
⑩⑨河　宴　鍾怡雯著
⑪⓪滬上春秋　章念馳著
⑪①愛廬談心事　黃永武著
⑪②吹不散的人影　高大鵬著
⑪③草鞋權貴　嚴歌苓著
⑪④是我們改變了世界　張　放著
⑪⑤夢裡有隻小小船　夏小舟著
⑪⑥狂歡與破碎　林幸謙著
⑪⑦哲學思考漫步　劉述先著
⑪⑧說　涼　水　晶著
⑪⑨紅樓鐘聲　王熙元著
⑫⓪寒冬聽天方夜譚　保　真著
⑫①儒林新誌　周質平著
⑫②流水無歸程　白　樺著
⑫③偷窺天國　劉紹銘著
⑫④倒淌河　嚴歌苓著
⑫⑤尋覓畫家步履　陳其茂著
⑫⑥古典與現實之間　杜正勝著
⑫⑦釣魚臺畔過客　彭　歌著
⑫⑧古典到現代　張　健著
⑫⑨帶鞍的鹿　虹　影著
⑬⓪人文之旅　葉海煙著

⑯⑧ 說吧，房間　林　白著
⑯⑨ 自由鳥　鄭　義著
⑰⓪ 魚川讀詩　梅　新著
⑰① 好詩共欣賞　葉嘉瑩著
⑰② 永不磨滅的愛　楊秋生著
⑰③ 晴空星月　馬　遜著
⑰④ 風　景　韓　秀著
⑰⑤ 談歷史　話教學　張　元著
⑰⑥ 兩極紀實　位夢華著
⑰⑦ 遙遠的歌　夏小舟著
⑰⑧ 時間的通道　簡　宛著
⑰⑨ 燃燒的眼睛　簡　宛著
⑱⓪ 月兒彎彎照美洲　李靜平著
⑱① 愛廬談諺詩　黃永武著
⑱② 劉真傳　黃守誠著

183

天涯縱橫　　位夢華　著

以兩極生態氣候的研究為基礎，作者建構了此書的論理與想像世界。內容從極地景致、開拓艱辛及天文物理觀念，引申至有關宇宙天人及環保的許多想法，包容科學與文學，兼具知性與感性。讓您在詼諧而深切的筆調中，激發對地球的關懷與熱愛。

184

新詩論　　許世旭　著

中國詩歌，無論新舊，是一座甘泉，若不掬飲，口渴神焦，……。作者係韓國人士，長年沈浸在中國文學之中，對於在中國新詩的源起及兩岸新詩風格的異同，均有獨到而精闢的見解。是讀者拓寬視野，更深入了解中國新詩之發展所必備的好書。

185

天　譴　　張　放　著

「一不埋怨天，二不埋怨地，只是咱家命不濟，生長在這亂世裡。」于祥生，一位山東流亡學生，民國三十八年隨政府搭乘濟和輪來到澎湖，卻萬萬沒料到會遭逢一場史無前例的政治騙局，他的人生、情愛就在這時代悲劇與宿命的安排下，無奈地上演。

186

綠野仙蹤與中國　　賴建誠　著

一本融和理性與感性的著作，以經濟分析的專業素養，將關懷的筆觸，延著供需曲線帶進閱讀的天空。那一篇篇翔實的數據，是驗證生活的另一種形式；那一篇篇雋詠的小品，則是理性思維的靠墊。不管你來自士農工商，本書都能提供一場知性洗禮。

187
標題飆題
馬西屏 著

一個出色的報紙標題不僅要精簡準確地傳達新聞訊息，更要能表現文字的優美和趣味，這可是一門藝術。近年來報紙解禁，各種充滿巧思創意的標題紛紛跳上版面，等著要攫取你的注意。小心！一場報刊標題的革命正在編輯檯上悄悄進行……

188
詩與情
黃永武 著

詩以情為主，作者長期浸淫於古典情詩，擷採珠玉，編綴出男女的愛情、家人的親情、入世的世情與出世的忘情種種世態人情。文中所引，首首如新摘茶筍，簇新可喜，且解說精要，切緊詩旨，能帶給您全新的視野與怡然的感受。

189
鹿夢
康正果 著

從大陸西安到新大陸東岸的小鎮，不同的國度有著不同的風土民情，但在作者細膩的心思與敏銳的觀察力之下，它們之間起了微妙的關聯。長期旅居海外的作者，將他生活中的點點滴滴，轉化成一篇篇清雅的散文精品，將讓您領會閱讀的雋永與甘美。

190
蝴蝶涅槃
海男 著

「一個生活在舊時代的女人，她生活在男人之中不如說是生活在戰爭之中，她生活在戰爭之中不如說是生活在蝴蝶之中。一個生活在蝴蝶之中的穿中國旗袍的女人，其靈魂終究會像蝴蝶一樣四處飛翔。」而她的歸宿，竟在何方？

191
半洋隨筆

林培瑞 著

本書是林培瑞教授一篇篇關於他對中國的研究、感想、社論、訪問等合集。作者熱愛中國文化，對當代中國的社會、政治、文學、藝術等無不關心；綠眼黃髮，是位十足的「洋人」，但他對中國的關懷，無不流露在字裡行間，值得我們細細品味與深思。

192
沈從文的文學世界

王繼志／陳龍 著

沈從文，一個身處於三〇年代的作家，如何在這動盪的中國社會環境中，發揮自己創作及人格上的獨特性，以享有「中國的大仲馬」的美譽呢？作者由政治學、社會學、美學等多種不同角度切入，帶領我們逐步探索沈從文謎一般的文學世界。

193
送一朵花給你

簡宛 著

本書作者自離臺赴美留學後，便長期旅居美國，迄今已逾二十年。書中有著許多海外生活的點滴，又有往來中國大陸、美國、臺灣所觀察到的各種社會現狀，有針砭亦有從關懷出發的諄諄叮嚀，使得全書層次豐富，文趣盎然。

194
波西米亞樓

嚴歌苓 著

作者為生於上海、旅居海外的優秀作家。本書除蒐羅其在美生活點滴、寫作歷程及心得，更有對書作、電影之所感所懷。洗鍊的文筆、豐華的文采，加之發自心靈深處的感動，這一篇篇雋永、情摯的佳作，縮短了作者與讀者間的距離。

195 化妝時代　陳家橋　著

陳，在一次陌生人闖入的情形下，成為一個殺人的疑犯，他必須找尋凶手，找尋這個和他打扮一樣的陌生人；就在他從化妝師那尋找線索時，他落入一個如真似幻的情境，在無法自拔時，他被指為瘋子，被控謀殺，他要如何去面對這一切的問題……。

196 寶島曼波　李靜平　著

年少時天真得令自己淪為笑柄的悲慘遭遇，事過境遷後往往反為記憶中開心的片段。本書中收錄著作者兒時的種種突發奇想，那屬於孩提時代的天真、忘我，有的令人噴飯，有些令人莞爾。在兒時距我們越來越遠的當兒，本書絕對讓你返老還童。

197 只要我和你　夏小舟　著

本書作者早年負笈日本，而後旅居美國。儘管足跡從保守的東方跨入開放的西方，但作者對兩性情感世界的關注卻不曾稍減。書中所收一篇篇帶著遺憾的真實故事，不甚完美的結局，恰能提供你我一個正視情感與人性的機會。

198 銀色玻璃人　海　男　著

「林玉媚走進了花園深處，她想看看吹奏薩克斯風的這個人是誰?……」是什麼樣一段不為人知的記憶，輕輕撩撥這即將邁入三十的女醫生心絃?循著四月天的癌症病房，她慢慢鋪陳出一段段似有若無的感情軌跡，讓心隨著它一同飛翔。

199

小歷史——歷史的邊陲

林富士　著

想窺視求符籙、作法事、占夢等流傳已久的巫覡傳統嗎？想了解中元普渡傳統祭典的現代性格嗎？屎尿、頭髮與人肉又有哪些有趣的象徵意義呢？處於多元化的社會，這些「邊緣」文化所表現出民眾對鬼神及自然界不可知力量的敬畏，值得您深入探討。

200

再回首

鄭寶娟　著

本書收錄作者近期滿意的短篇創作十四篇，情感深刻，直指人心。誰說小說都只是風花雪月、不食人間煙火的夢幻，作者藉著細膩的感觸、流暢的敘述筆力，結構出人生各個層面的真情實感；而正因這份真實，讓人感歎紅塵種種的可貴與無奈。

201

舊時月色

張堂錡　著

「每個人都有自己的日光風景，每個世代的人都會創造出獨特的回憶。……只要流過汗水，踏實走過，每一步都會閃著黃金般的亮光。」這本散文集或敘童年往事，或寫人物情緣，或抒讀書雜感，是作者向青春，向散文告別的見證，讀來別有感懷。

202

進化神話第一部：駁達爾文《物種起源》

陳冠學　著

達爾文《物種起源》一書，闡釋了「物競天擇，適者生存」的自然進化學說。一百多年來，人們一直戴著這副偏光鏡片去觀察世界，而不自知。本書以科學的論述，客觀地指出進化理論的矛盾意想，層層揭露了進化神話的迷思。

203
大話小說
莊因　著

作者以其亦莊亦諧的筆調，探觸華人世界的生活百態，這其中有憶往記遊、有典故，當然還有他所嗜好的飲食文化，綜觀全書，不時見他出入人群，議論時事，批評時弊，本著知識份子的良知良行，期待著中國人有「說大話而不臉紅的一天」。

204
人禍
彭道誠　著

太平天國起義是近代不容忽視的歷史事件，他們主張男女平等，要解百姓倒懸之苦。而戰無不勝勢如破竹的天朝，卻在攻下半壁江山後短短幾年由盛而衰，終為曾國藩所敗，何以有此劇變？讀者可從據史實改編的本書中發現端倪。

205
殘片
董懿娜　著

讀董懿娜的小說就像凝視一朵朵淒美的燭光。她筆下的女主人翁大都是敏感又聰明的人物，明明知道等待著她的是絕望，她還要希望。而她們的命運遭遇，會讓人覺得曾經在塵世間匆匆一瞥。本書就在作者獨特細緻的筆觸下，編排著夢一般的真實。

國家圖書館出版品預行編目資料

進化神話，第一部，駁：達爾文《物種起源》／陳冠學著. --初版. --臺北市：三民，民88
面；　公分. --(三民叢刊；202)
ISBN 957-14-3012-9 (平裝)

1.物種起源-評論　2.達爾文學說　3.演化論

362.1　　88012677

網際網路位址 http://www.sanmin.com.tw

© 進化神話 第一部
駁：達爾文《物種起源》

著作人 陳冠學
發行人 劉振强
著作財產權人 三民書局股份有限公司
臺北市復興北路三八六號
發行所 三民書局股份有限公司
地　址／臺北市復興北路三八六號
電　話／二五〇〇六六〇〇
郵　撥／〇〇〇九九九八——五號
印刷所 三民書局股份有限公司
門市部 復北店／臺北市復興北路三八六號
重南店／臺北市重慶南路一段六十一號
初　版 中華民國八十八年十月
編　號 S 36010
基本定價 肆元肆角
行政院新聞局登記證局版臺業字第〇二〇〇號

ISBN 957-14-3012-9 (平裝)